刊行にあたって

　小松左京作の「復活の日」が発表された 1964 年から 56 年経った今年、予言していたかのような新型コロナウイルスによるパンデミックが発生しました。当協議会では、11 月に水の王国・富山県で「全国小水力発電大会」の開催を予定していましたが、この影響で大会は 2021 年に延期となりました。

　これまで全国小水力発電大会の開催に合わせて発刊してきました『小水力発電事例集』ですが、富山大会延期にも関わらず、災禍に負けることなく今年も発刊することができました。関係各位に感謝申し上げます。

　これまで事例集の主な内容は、全国で建設され運転を開始した発電所の紹介でしたが、昨年より「水のちから出版」の名で自社出版を開始したことをきっかけに、今年から小水力発電関係者だけでなく、より広い読者層を意識した誌面作りとするため、読みやすい記述や写真の豊富な挿入に加えて、毎回テーマ（特集）を設定することにしました。2020 年事例集のテーマは、「小水力発電の過去・現在・未来」です。

　小水力発電の歴史を振り返ると、明治・大正・昭和 30 年代と水力発電が電源の主力であり、地域の貴重なエネルギー資源、雇用創出にも貢献していた時代がありました。それから化石燃料による火力発電、核燃料による原子力発電中心の時代を経て、今は再生可能エネルギーの大量導入を模索しています。その中で小水力発電は地域に根ざしたエネルギー源として、さらなる期待が寄せられていると思っております。

　特集ではまず、「小水力の過去・現在・未来　2035 年、あの日の水車はまわせるか？！」と題して、昔ながらの水車〜明治・大正・昭和・平成の小水力発電、そして未来として 2035 年の小水力について、小林久・茨城大学名誉教授（当協議会理事）が報告します。

　次に、「小水力発電インテグレーター養成事業・卒業生の軌跡」と題して、地域における小水力発電開発の担い手「インテグレーター」の活動について、中島大・当協議会事務局長が各地の事例を裏話も交えて報告します。

　また、「３ＫＤで実現する小水力の未来　時代は "Keep Distance"」と題して、現在の日本の小水力発電業界の現状と今後の発展のために当協議会内に立ち上げた「３ＫＤ研究会」について、金田剛一・当協議会理事が報告します。

　この他に、最近運転を開始した発電所の紹介、戦前に八田與一が台湾で関わった農業用ダムに設置された発電所や、明治時代に建設され現役で稼働している水車などを紹介しています。広い読者層をと申しておきながら、専門的な内容になっているかもしれませんが、ぜひお読みいただき、ご感想など賜れば幸いです。

　今後も当協議会は、地域活用電源の議論、FIP（フィード・イン・プレミアム）制度など再生可能エネルギーを取り巻く環境も日々変化していますので、これらの動きを注視していきます。

　最後に、『小水力発電事例集』の作成にご協力いただいた皆様に感謝申し上げるとともに、現下の災禍の一日も早い解決がなされ、穏やかな毎日が訪れますことを祈念し、巻頭の挨拶といたします。

2020 年 11 月
全国小水力利用推進協議会
会長　愛知　和男

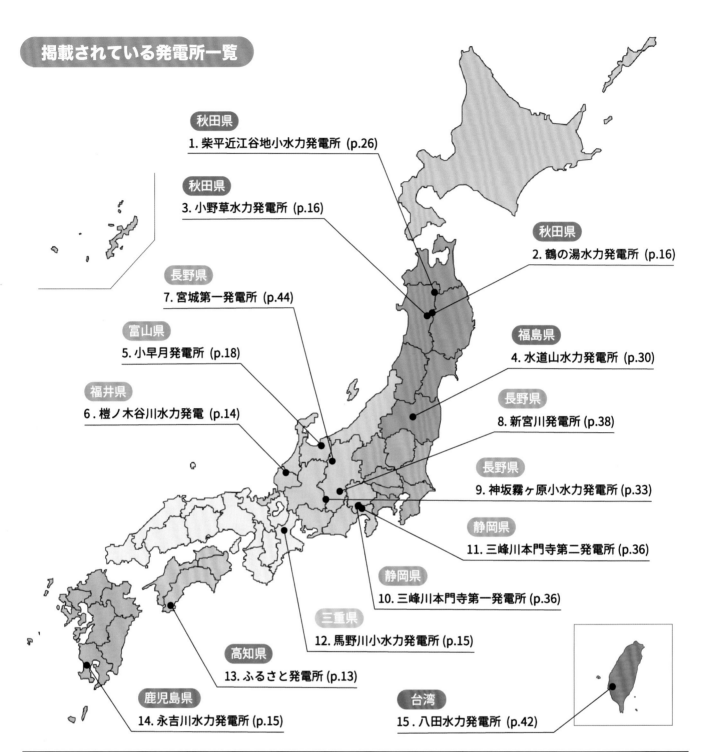

掲載されている発電所一覧

秋田県
1. 柴平近江谷地小水力発電所 (p.26)

秋田県
3. 小野草水力発電所 (p.16)

秋田県
2. 鶴の湯水力発電所 (p.16)

長野県
7. 宮城第一発電所 (p.44)

富山県
5. 小早月発電所 (p.18)

福島県
4. 水道山水力発電所 (p.30)

福井県
6. 橙ノ木谷川水力発電 (p.14)

長野県
8. 新宮川発電所 (p.38)

長野県
9. 神坂霧ヶ原小水力発電所 (p.33)

静岡県
11. 三峰川本門寺第二発電所 (p.36)

静岡県
10. 三峰川本門寺第一発電所 (p.36)

三重県
12. 馬野川小水力発電所 (p.15)

高知県
13. ふるさと発電所 (p.13)

鹿児島県
14. 永吉川水力発電所 (p.15)

台湾
15. 八田水力発電所 (p.42)

NO	発電所名	最大出力	所在地	掲載ページ
1	柴平近江谷地小水力発電所	49.9kW	秋田県鹿角市花輪字近江谷地	26
2	鶴の湯水力発電所	199kW	秋田県仙北市田沢湖田沢字湯ノ岱8地先	16
3	小野草水力発電所	325kW	秋田県仙北市田沢湖田沢字鹿ノ作9－4地先	16
4	水道山水力発電所	600kW	福島県郡山市逢瀬町多田野字水道山1－3	30
5	小早月発電所	990kW	富山県魚津市鉢	18
6	橙ノ木谷川水力発電所	199.3kW	福井県坂井市丸岡町上竹田64字11-2	14
7	宮城第一発電所	250kW	長野県安曇野市穂高有明7245番の2	44
8	新宮川発電所	195kW	長野県駒ケ根市中沢地内	38
9	神坂霧ヶ原小水力発電所	170kW	岐阜県中津川市神坂霧ヶ原3798	33
10	三峰川本門寺第一発電所	120kW	静岡県富士宮市内野	36
11	三峰川本門寺第二発電所	140kW	静岡県富士宮市上井出	36
12	馬野川小水力発電所	199kW	三重県伊賀市奥馬野	15
13	ふるさと発電所	110kW	高知県幡多郡三原村	13
14	永吉川水力発電所	44.5kW	鹿児島県日置市吹上町永吉	15
15	八田水力発電所	2,193kW	台湾台南市官田区（烏山頭）	42

小水力発電事例集 2020　目次

【表紙】三峰川本門寺第一発電所
（静岡県富士宮市）
※関連記事が 36 ページにあります。

広告索引

2035年、あの日の水車はまわせるか？！

　再生可能エネルギーにおける小水力発電は、分散型で規模も小さく、他のエネルギーと比較して環境負荷も少ないため、これからのエネルギーとしてもっと導入が進んでよいはずだが、壁もある。

　「全国小水力利用推進協議会」の立ち上げからのメンバーである小林氏は、大学の研究者であり、地域に入り込んで地域住民と膝つき合わせて語らうパイオニアでもあり、企業経営者の経験も持っている。本編では、明治、大正、昭和の過去の流れ、そして現在、さらにはこれからどこへ向かうのか、これまでの豊富な経験と冷静な評価を基に、地域社会における小水力の重要性に注目して語ってもらう。（編集部）

特集 ❶
小水力の 過去・現在・未来
茨城大学　名誉教授　小林　久

1955年長野県生まれ。新潟大学理学部卒、東京農工大学大学院連合農学研究科修了。地域資源循環システムの計画手法で農学博士（東京農工大学）。技術士（農業部門）、建設コンサルタント会社勤務、コンサルタント事務所主宰を経て、茨城大学農学部（東京農工大大学院連合農学研究科併任）、2020年退職。

〈研究テーマ〉地域資源計画、再生可能エネルギーシステム、小水力利用・水車発電システム、農業・農村活動のLCA・物質フロー分析、参加型開発の評価・計画など。

〈社会活動〉全国小水力利用推進協議会 理事
REN・i（茨城自然エネルギーネットワーク）代表
東海村環境審議会会長　など。

はじめに ─水車はまわる─

　小水力といわれて、20年ほど前のわたしの頭に浮かんだのは、唱歌「森の水車」であった。

　昭和世代の人ならご存知ではないだろうか？　意外に明るいので、きらいな歌ではなかった。ただし、家仕事を手伝うことが当然であった子どもの頃は、しっかり働きなさい、という歌だなと思っていた。

『森の水車』（1942年、作詞：清水みのる、作曲：米山正夫）

みどりの森の彼方（かなた）から、
陽気（ようき）な歌が聞こえましょう、
あれは水車のまわる音、耳を澄ましてお聞きなさい、
コトコトコットン、コトコトコットン、
ファミレド　シドレミ　ファ、
コトコトコットン、コトコトコットン、
仕事に励みましょう、
コトコトコットン、コトコトコットン、
いつの日か楽しい春がやってくる。

JASRAC 出 2008874-001

水の力で働く水車には、「はたらきもの」というイメージを重ねることが少なくないようだ。たとえば、徳冨蘆花（本名：健次郎）のエッセイ『みみずのたはこと』（1913 年）にある、水車の樫の木への呼びかけで始まる「水車問答」という節では、水車の働きぶりが自賛的に書かれている。

「・・・吾輩は昨年中に、エヽと、搗いた米がざっと五百何十石、餅米が百何十石、大麦が二千何百石、小麦が何百石、粟（あわ）が・・稗（ひえ）が・・黍（きび）が・・挽いた蕎麦粉が・・・饂飩粉（うどんこ）が・・・・・まだ大分あるが、まあざっと一年の仕事が斯様（こえ）なもんだ。如何だね、自賛じゃないが、働きも此位やればまず一人前はたっぷりだね。・・・云い終わって、口角沫（こうかくまつ）を飛ばすように、水車は水沫（しぶき）を飛ばして、響も高々と軋々（ぎーいぎーい）と一廻り廻った。」

お前はどうだ、との水車の問いかけに対して、樫の木はつぎのように答える。

「・・・俺は此周囲に向うて日々夜々に広がって行く。俺の仕事は此だ。此が俺の仕事だ。成長が仕事なのだ。俺の葉蔭で夏の日に水車小屋の人達が涼んだり昼寝をしたり、俺の根が君を動かす水の流れの岸をば崩れぬ様に固めたり、・・・俺の友達も其処此処に居る。其一人は数年前に伐られて、今は荷車になって甲州街道を東京の下肥のせて歩いて居る。・・・お百姓衆の鍬や鎌の柄になったり、・・・失礼ながら君の心棒も、俺の先代が身のなる果だと君は知らないか。・・・」

徳冨健次郎著『みみずのたはこと』（新橋堂書店・服部書店・警醒社書店 1913 年）

明るい日差しの新緑の木の下で、水飛沫（みずしぶき）を上げて回る水車、どことなく懐かしい景色が目に浮かぶ。しかし、目先の仕事をこなすために休みなく働き、国内を世界を動き回ってきた結果、地球規模の環境問題や感染症に悩む現在を、わたしたちが生きていること考えると、意味深長な問答と言えなくもない。

　ここまでが、小水力に対するわたしの「過去」の認識と「未来」に向かう起点としての「現在」の見立てである。機械も電気も専門外で、このような認識や見立てを持つわたしのような者は、小水力の世界を語ることに適していないかもしれない。しかし、「・・・己が造った型（かた）に囚（とら）われ易いのが人の弱点である。執着は常に力であるが、執着は終に死である。」と蘆花が言うように、「執着することさえできない目」が、「これから」に向かうために、案外、割りのよい視点を示せることもあろうと勝手に解釈して、小水力の過去、現在、未来を、わたしなりに考えてみたい。地質・環境や農村計画を専門とするわたしなりなので、かなり偏った見解を述べることになる。ご容赦いただきたい。

小水力の過去
―西洋に学べ！　急速発展した明治・大正・昭和―

■ 水車の幕開け

『共武政表』は、陸軍省参謀本部調査により1875年（明治8）から1882年（明治15）にかけて発行された人口、建物・施設、農林産物生産量などに関する全国をカバーする統計データである。その『共武政表』の明治11、12、13年版には、各町村の水車数が記録されている。もちろん、発電のための水車ではなく、製粉、精米、製材などのための水車の数である。明治11年版による全国の水車数は9,203で、地方別では信濃が1,793と飛び抜けて多い。明治13年でも全国計で1万弱であるから、おそらく江戸時代の終わり、明治の始まりの頃のわが国の水車数は9千程度であったと考えられる。当然、小規模なものが主であろうから、案外少ない、という気がする。

時代を下ると、「農業用原動機台数並容量」、「農用器具機械並作業場普及状況調査」などの農業統計データがある。それらによると、1927年（昭和2）および1939年（昭和14）の農用水力原動機の総数は、それぞれ37,354台、65,910台である。『共武政表』の台数に比較して大幅に増加しているので、おそらく明治以降、農業分野でも水力利用が進んだものと思われる。昭和14年統計では、総数のうち16,578台がらせん、ペルトンおよびタービンに分類されているので、昭和初期には水力学に基づく農用水車が製造、販売されるようになっていたと考えられる。

振り返ると、明治〜大正の技術の発展・普及は、どのように捉えられるだろうか？異論はあるかもしれないが、人が行っていた作業を効率よくこなすための機械の発明・改良および普及は、農業だけでなくあらゆる分野における技術発展であったとみてよい。「作業」の機械化、「作業機」の発達である。わたしたちの周りを見渡して、かつては人の手足によって行われていた開閉、昇降、洗濯・食洗、耕運・田植え・稲刈りなどに機械・家電が当たり前に使われている現在を考えれば、「作業機」の発達が十分に実感できるはずだ。

そして、この頃の「作業機」だけではない機械技術の発達が、その後の社会に著しい変革をもたらすことになる。

「原動機」"Prime Mover" の発達である。明治初期には、「運動起生機」と和訳していたこともあったというが、辞書によれば「自然界のエネルギーを機械的エネルギーに変える装置」と定義される。人力・畜力による装置も含まれるが、通常は流体機械（水車、風車など）、蒸気機関、内燃機関、発電機、モーター、ポンプなどが、「原動機」に該当する。

わが国では、幕末に蒸気機関が、さらに明治時代の中頃からさまざまな「原動機」技術が輸入された。そして、驚くことに明治末には国産品も製造されるようになり、大正末、昭和の始まりまでには、ほとんどの種類の「原動機」が国産できるようになった。水力利用も機械的エネルギーへの変換だけでなく、明治後期以降は電気エネルギーに変換されて使われることが当たり前になり、水力発電でも技術の国産化が進んだ。

日本初の小水力発電は薩摩から

わが国における電気への変換を通した水力利用は、薩摩藩が1882年（明治15）に磯庭園（薩摩藩主島津家別邸で、現在の仙巌園のこと。鹿児島にある日本を代表する大名庭園。世界文化遺産）の集成館（機械工場）に設置した発電所が最初といわれる。

資料上のカウントでは1888年（明治21）の三居沢発電所（宮城県仙台市、宮城紡績会社によって設立。現在は東北電力が管理・運用）に始まり、図1のように1925年（昭和元）には1,000発電所を超える規模になった（総容量約200万kW）。西洋文明に触れてから、驚くほど短い期間で、わが国の水力利用、水力発電の開発と技術は急速に発展したといえる。

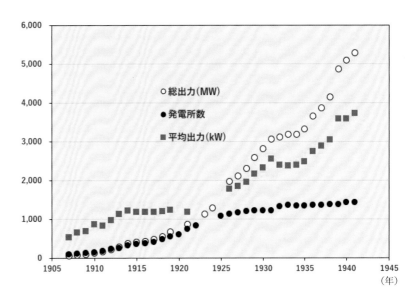

図1　戦前の水力発電の動向
出典：日本経営史研究所「日本電力業史データベース」のデータから作成

大規模調査とデータの共有で失敗を乗り越えた熱い時代

しかしながら、水力発電の導入初期、明治時代には、当然だが、さまざまな開発の失敗があった。当時の政府は、発生するさまざまな開発の失敗を解決するために、欧州の開発状況を急遽調査し、水力資源に関する情報整備と一般公開が最優先であるとし、それまで考えてもいなかった全国の水力資源調査を、1910〜1913年（明治43〜大正2）に実施したのである。逓信省による第一次の包蔵水力調査、あるいは発電水力調査と呼ばれる調査である。

調査資料は、「水力利用の原理」や「海外の開発事例の紹介」とともに一般公開され、図1から読み取れるように、さまざまな主体による各地の開発促進に大きく貢献した。政策担当者も、開発事業者も、技術者も、手探りではあったが、水力開発、水力発電技術を、大きな熱量で革新させていた当時の図式が見えてくるようだ。

1927年（昭和2）9月には、訳者が誰なのか明記されていないが、David B. Rushmore & Eric A. Lof 著の "Hydroelectric Power Stations"（1917年）の邦訳『水力発電所』が、コロナ社より発行されている。3分冊で534ページに及ぶ専門書であるが、昭和初期にはこのような専門書を読みこなす技術者がすでに各地にいたと考えてよい。昭和初期に水力タービンが農用機械として各地で製造・販売されていたことを併せて考えると、導入初期の熱い革新の期間を経て、わが国は短期間で「原動機」としての水力技術を着実に自分のものにしたと言える。

磯庭園の水力関連施設
注）最初（明治15年）の発電施設については不明であるが、明治25年頃には水力発電関連施設として使われていたとされる水槽。

■ 陰りが見えた小水力の戦後

　残念なのは、その後である。明治期から30年の間に、無から国産化にまで高めた水力発電の「原動機」技術は、その後、昭和初期までとは異なる様相の発展をする。社会的ニーズ、合理性や競争という環境で、いくつもの失敗を繰り返しながらも、健全に拡大・定着した水力発電技術は、その後、集権的な開発、石油・石炭への依存、技術の寡占化などにより、偏った発展をすることになる。とくに戦後は、集権的計画、短期の経済性重視、大規模志向、石油への過度な依存などを背景として、水力の「原動機」技術の発展を支えた小規模な水力発電開発は、一部の例外[注1)]を除いて縮小した。さらに、明治〜昭和初期に、各地でさまざまな主体により開発された小規模な水力発電施設の中には、独占事業による合理化の名の下に、廃止されるものも少なくなかった。こうして、わが国の小水力の開発および技術は、図2に示すように2000年代になるまで、長い停滞期に入った。

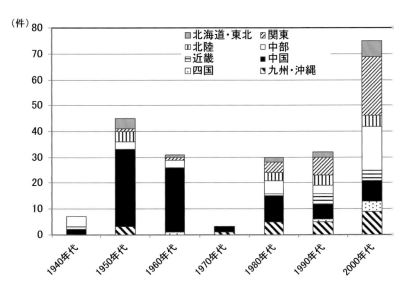

図2　1940年代以降の小水力発電所地域別運転開始件数
出典：本田（2016）から作成

注1)
小水力発電所建設の最盛期は1920年代であるが、1950〜60年代、一時的に運転開始件数が増加した（図2）。これは、未供給あるいは不足している農山漁村における電力を生産することを目的とした、「農山漁村電気導入促進法」（1952年施行）に基づく農林漁業関連団体による小水力発電開発で、中国地方における開発が突出して進んだことによる。この時期に整備された中国地方の小水力発電所は、現在でもその約半数近くが維持継続運用され、FIT制度を活用した設備更新が進んでいる。

小水力の現在
－ RPS法、FIT制度導入で小水力は飛躍したか？－

■ 伸び悩む導入実態

　今を生きるわたしたちは、ガソリンエンジン、ディーゼルエンジンという国産技術の内燃機関でつくられる動力で動く自動車を使って移動し、国産のモーターでポンプ（エアコン）を動かして熱・冷熱をつくり寒さ・暑さを凌いでいる。さまざまな国産「原動機」は、わたしたちの快適で、便利な暮らしを支えているといっても過言ではない。

　しかし、小水力利用に不可欠な水車という「原動機」は、依然として、わが国においてはノスタルジーの中にあるようだ。ほとんどの人は、水の力といわれると、20年前のわたしと同じように、蘆花の田園の中で水飛沫（みずしぶき）をあげて回る水車を連想する。

　技術、経済の観点からも、導入量という観点からも、わが国の小規模な水力発電の「原動機」は自動車やエアコンに関係する「原動機」と比較して、際立って遅れている。「技術・経済性が発展しないから導入が進まないのか？」、「導入が進まないから技術・経済性が改善されないのか？」、ニワトリとタマゴの関係のようだが、わたしは、後者だと考えている。「導入が進まないから、技術向上・経済性改善が進まない」に違いない。

　過去を振り返るまでもないが、明治〜大正の30年間で、無から国産技術にまで達した水力技術の歴史が物語っている。需要が技術を革新させ、経済性を改善させるのだと思う。一方、図2のようにわが国の小水力発電開発は、中国地方の1950〜1960年代の特例を除けば、10年間で30件にもならない時代を1940〜1990年代までの60年間続けてきた。

2000年代になると、RPS制度（Renewables Portfolio Standard＝電気事業者による新エネルギー等の利用に関する特別措置法）の開始とともに、小水力発電開発は年間10件のオーダーを目指せるようになった。RPS制度とは、電力会社に対して、定められた目標年までに一定割合以上の再生可能エネルギー発電の導入（電気の調達）を義務付けるもので、2003年から全面施行された。

2012年のFIT制度（Feed-in Tariff、固定価格買取制度＝再生可能エネルギーで発電した電気を、電力会社が一定期間、決められた価格で買い取ることを義務付ける制度）開始で、図3のように開発ペースはさらに上向いた。

注）完全な新設は1/4〜1/3で、新設相当更新、廃止発電所の再開発が多いといわれる。

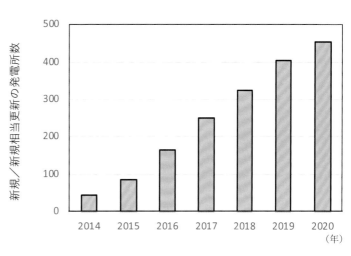

図3　FIT認定の新設・新設相当更新の1,000kW未満水力発電設備の導入件数

出典：固定価格買取制度・情報公開ウェブサイト（https://www.fit-portal.go.jp/PublicInfoSummary）から作成

◾ FIT制度の時限を迎えて　ー今こそ知恵と熱意を結集させる時ー

急激な開発増という点で類似する1910年代のような革新は、始まったのだろうか？あるいは、その兆しは現れ始めたのであろうか？

わたしは、かなり否定的である。開発主体の意欲や意気込み、政策推進側の動きや姿勢をみていても、過去の延長「これまで」から外れて、根本的転換に踏み出したようには思えない。しかし、そのような状況の現在、時限を前提としているFIT制度は、既定路線の制度見直しとしての議論が本格化している。まだ、成果が現れていないのに、である。

おそらく、革新は、明治政府が始めた包蔵水力調査のような根幹となる課題を解決する政策、より多く・広くに影響を及ぼすことのできる政策を、「これまで」にとらわれずに実施することで、起動し、駆動する。発電した電力の買取価格・期間を示して、自主的な開発を促す政策といえるFIT下の現在は、少なからずそれに近い状況にある。だから、これまでと異なるレベルの量的拡大が進んでいるのだ、と思う。

しかし、開発が60年間停滞したダメージは、小水力分野において致命的であった。図3からわかるように、2015年以降、導入件数は一定数の増加に留まるように

なってしまった。FIT導入後の2〜3年で、さらなる拡大ではなく小さな開発ピークを迎えてしまったのだ。開発が伸びない原因は、長い停滞によるダメージである。

主なダメージは、長期停滞による小水力分野における関係者の不在、それにともなう開発や「原動機」のノウハウ・技術の不連続および継承の断裂・欠落・発展の停止と人材の消失であろう。加えて、1940年代から続く「独占的な電力システム」が生み出した規格・基準・制度などの硬直化およびブラックボックス化された業界と技術の寡占化、それに伴う社会の無関心化、中央の過剰介入による集権性、開発主体となるべき地域関係者の中央頼りの気質が、技術・社会的革新の起動に対して致命的な打撃を与えたと言ってよい。

そのような小水力の現在、小水力の関係者には、向上心・意欲をもち、そして儲けることを追いかけて空回りしながら行動していた明治〜大正期の熱量の一部でよい、前向きの姿勢、熱意をもっていただきたい。小水力の拡大をめざすためには、水力発電導入期と同じように、政策にも影響を及ぼすことができるくらいの熱、意欲、姿勢、機運が求められている、と俄かに水力関係者と呼ばれるようになったわたしは考えている。

小水力の未来
ー「生のうるさい声」が活性化のカギー

■ 環境、歴史文化、安全安心に基盤を置く小水力エネルギー

FITバブルの後、2035年頃、小水力の世界はどうなっているだろう？

二つの状況が想定される。一つは、現在のまま推移し、牽引のFITがなくなって、元の木阿弥、1年に0～数件の開発の時代に戻る、というものだ。案外、この可能性が高い。

もう一つは、これからの10年の間に、多様な開発主体が、さまざまな開発上の障害・隘路(あいろ)(進行の難所)、技術・制度上の非合理、求められる改善や支援を、行政、系統管理者、金融機関、メーカー、電力マーケットなどに対し、生の声を、具体例を示してうるさいほどにあげることで、当たり前に小水力が開発されるようになっている状況である。「生のうるさい声」は、硬直化した規格・制度などを合理的なものとし、経済性の改善や手続きの円滑化などに役立つに違いな

い。そのような変化は、明治～大正の水力発電開発の爆発的増加に近い気分を開発側に味合わせ、連鎖的に前向きの意欲を、きっと高めてくれるだろう。もちろん、そのような変革を、わたしも強く望んでいる。

しかし、一方で、小規模であっても水力資源の利用が重要である、という社会的合意に基づき小水力開発が当たり前になっている将来を、わたしは夢見ている。暮らしやすく、働きやすい社会は、経済性や技術的合理性だけで、できるわけではない。わたしたちは、エネルギー、情報、経済、安全安心、景観や歴史文化、さらにそれらに関連するさまざまな社会基盤の健全性や持続性を土台にして、働き、暮らすことで、豊かに、幸せに生きることができる。エネルギーの生産・供給も、経済性や技術論だけでなく、極論すれば嗜好や偶然などを含めて成り立ってきた社会において、環境親和性に配慮し、さらに社会に受容されて収まり、「あるべき姿」に向かって機能する。

■ 「あるべき姿」に向かう戦略と政策を！

話は唐突に変わるが、かつてサトウキビ・エタノールの調査のために、ブラジルに行ったことがある。そのとき、農務省の日系3世の幹部から聞いた言葉が思い出される。「ブラジルの自動車は主力産業にはなれない。なぜなら補助金頼りだからだ。農業のように、補助金に頼らない政策が必要だ。」というのだ。日本では、考えられない言葉であるが、的を射ているような気がする。

ブラジルの農業政策は、きわめて市場志向的である。農業保護の水準は、あらゆる先進・中進国と比較して、きわめて低い。さらに、保護政策の中身は、技術の提供、最低価格保証、金融機関に対する低利融資の義務化、価格変動に対する保険料補助など、農業経営の自主性・自立性を尊重して活かし、強化する方向を向いているものばかりである。

サトウキビ畑の農夫（筆者撮影）

技術の輸入、開発や設備投資の競争促進などで、各社の技術・経営強化をめざした日本の自動車産業政策とブラジルの農業政策には、共通点があるかもしれない。

そのような農業政策をとるブラジルには、農務省以外に農業分野の政策を受けもつ「農業開発省」がある。農地改革や零細農家・小農を対象に、農業強化を担当し、外資による農地取得の監視、家族農業支援な

ど、見方によっては社会対策的な政策を担当している。零細農家といえども、経営規模は数ha〜100haで、世界相手のブラジル農業においては、零細・小農も重要なパーツである。このため、農業開発省も補助金ばらまきではなく、原則として農業経営強化の政策を展開している。

本題に戻って、わが国の小水力である。国産資源の水力を可能な限り利用する、国土を健全に保全・管理する、地方を創生するなどの目的に対して、ブラジル農業のような枠組みで、主力の大中水力と連携しつつも、地域社会に役立つ小水力を分けて発展させ、自立させる政策展開はできないだろうか?

「水」を賢く使うことで国土を形成してきたわが国には、「小水力」に関して国土管理、地域振興などの社会政策的な側面があってもよい、とわたしは考えている。例えば、1,000kW未満の水力は、その水力資源がある地域の持続・活性化のために、原則的に地元主体の開発以外は認めない、さらにそのような開発を積極的に支援し、地域の経営主体を育成するというような政策を展開できないだろうか?

地元主体の開発の支援は、硬直化した規格や基準や公平性という名の下の、型にはまった手続きの押しつけなどではなく、むしろ地域の自主性・自立性を重ん

じ、地域における経営主体の育成・能力向上や強化、意欲向上を前提にした、マネジメント支援、優先融資や低利融資の義務化・利子負担などであって欲しい。大資本や中央の資本もギラギラせずに、1,000kW未満の領域は、経済的にはしれたモノ、地域のための開発と割り切り、悠然と支援するような余裕ある態度をもっていただけるとありがたい。

第一次包蔵水力調査の実施を決めたときの逓信大臣は、地域社会の「生態」に合わせた「生物学的開発」の実践者として知られ、台湾総督府民政長官や満鉄初代総裁を務めた後藤新平（1857年〜1929年、現：岩手県奥州市水沢出身）であった。後藤大臣は、電力事業は産業だけでなく、灌漑排水などの農事電力や農村電化により「地方の繁栄」にも寄与すると、地方長官への訓示で話したという。

短期の経済性という眼鏡では、排除されるかもしれないが、燃料購入を要しない持続的なエネルギー調達としての小水力発電が、いま流行（はやり）のSDGsや長い目の合理性という賢者の政策で、地域社会の存続や地域産業の強化を通して、「地方の繁栄」にも役立っている、そのような小水力の未来が実現することを、わたしは望みたい。

■ おわりに
─水の国・ニッポンの夢─

「全国小水力利用推進協議会」の名称は、設立当初、「全国」がついていない「小水力利用推進協議会」であった。各地に「小水力利用推進協議会」が設立されるようになって、「全国」をつけることになった。

出力1,000kW未満の水力を「新エネルギーに！」と活動していた、まだ「小水力利用推進協議会」であった2007年度、「流れる水の物語」という協議会の啓発パンフレットを作成した。わたしが、発案から編集・発行までを担当し、2008年5月に発行・配布した。協議会は、経済的基礎ができていなかったので、パンフレット作成には助成金を使用した。まだ、小水力が新エネルギーになっていなかった（！）ため、エネルギー関連の助成は受けられず、河川財団に助成をお願いした。

その序文に、わたしは「・・・日本人は、水との結

びつきが強い国民なのである。・・・豊かさを増しながら受け継がれてきた『水社会』の日本は、水を『賢く利用する』知恵と工夫に長けている。活力ある地域づくりの起動機として、受け継いできた『水社会』を活かし守る、未来開拓の取り組みが、日本各地で動き出すことを見守りたい。」と書いた。機械・電気に関しては専門外だったので、「起動機」と書いたが、「原動機」にしておくべきだったと思う。小水力開発には、自然界の「水力資源」を、社会に役立つエネルギーと地域持続の力に変換する「原動機」の役割が期待できるはずだと、わたしは信じている。

参考文献
- 日本経営史研究所「日本電力業史データベース」https://www.jbhi.or.jp/toukei.html（参照2020、7/20).
- 本田（2016）地域をささえる小水力発電のマネジメント（小田・坂本・川﨑編著『「農企業」のアントレプレナーシップ　攻めの農業と地域農業の堅持』）、昭和堂.
- 堀川・伊東（2010）後藤新平の構想とその後、日大理工学術講演会論文集.

特集②
小水力の人材育成

全国小水力利用推進協議会 事務局長
中島 大（まさる）

一般社団法人小水力開発支援協会代表理事。
【NGO 活動歴】東京大学エコロジーを考える会、
水車むら会議、分散型エネルギー研究会、自然
エネルギー事業協同組合レクスタ。
【NGO 現役職】NPO 気候ネットワーク運営委員、
NPO 環境エネルギー政策研究所理事、一般社団
法人ローカルグッド創成支援機構監事。
【職歴】財団法人ふるさと情報センター、株式会
社ヴィアブルテクノロジー。

「小水力発電インテグレーター養成事業」卒業生の軌跡

「全国小水力利用推進協議会」は、2014年度から2016年度の3年間、「小水力発電インテグレーター養成事業」を実施した。インテグレーターとは、顧客の業務内容を分析し、課題に合わせてプロジェクトを企画構築し、運用までのプロセスを推進する人のことである。小水力発電事業においては、地域の課題に合わせ全体を計画し、調査設計や工事・設備発注、進行管理、完成したシステムの保守・管理まで総合的に見通さなければならず、高い知識と実行力が要求される。「インテグレーター」の名付けを行ない、人材育成を目的として講座を実施した、中島事務局長に報告をお願いした。（編集部）

受講生から発電事業者へ！

小水力発電インテグレーター養成事業は、「独立行政法人環境再生保全機構」の「地球環境基金」を利用して実施した（助成事業名「インテグレーション・スキルの育成による小水力発電事業の促進」）。

養成事業を行なった理由は、小水力発電を実現させるためには、水利から発電にわたる幅広い技術的知識と、河川・農業用水に関する法令知識も必要であり、一定のスキルを持たないと、地域主導で実現することが難しいと考えたからだ。下表に示したようにのべ74人もの方が参加し、現場実習を含む密度の濃い研修を行なうことができた。

参加者の中から具体的な発電計画を立ち上げる方が出始めており、既に稼働した発電所が4ヶ所、建設中・詳細調査中のものが7ヶ所ある。本稿ではこれらの発電所とともに、インテグレーターの皆さんの活動や苦労についてご紹介したいと思う。

年度	参加者	活動概要
2014年度	受講生14人 聴講生31人	●7月（座学）東京 ●8〜10月（現場実習） 　北海道・富山・広島・東北・長野・愛媛・岐阜・熊本で各1回 ●12月（小水力発電サミットin長野）会場でインテグレーター交流会を実施 ●1月（座学）東京
2015年度	受講生9人 聴講生15人 前年度参加者 フォローアップ	●5・6月（小水力発電実務研修会に参加）東京・京都各1回 ◎7月（発電所見学）富山 ●10月（座学・演習計2回）東京 ●9〜1月（現場実習・演習）岐阜1回、静岡2回 ●11月（全国小水力発電大会in東京）会場でインテグレーター交流会を実施
2016年度	受講生5人 過去2年度参加者 フォローアップ	●6月（座学）東京 ●8〜11月（現場実習）愛媛・福井・岐阜・秋田・熊本で各1回 ◎11月（発電所見学）富山 ●12月（全国小水力発電大会in金沢）会場でインテグレーター交流会を実施

表1 インテグレーター育成事業の経過

注：「受講生」は地球環境基金助成金から旅費支給、聴講生は自費参加。
◎印は過年度参加者のみ対象のフォローアップ研修。
●は当年度研修だが過年度参加者も一部参加。

2018〜2020年に運用を開始した発電所

既存の砂防堰堤を有効利用
高知県幡多郡三原村
「ふるさと発電所」

平井政志さんは、2012年度から地域の森林整備や高齢者支援をしている「NPO法人いきいきみはら会」（高知県幡多郡三原村）で小水力発電の事業化活動を行なっていて、2013年に隣接する大月町にIターン、水力など再エネの事業化に努めている。インテグレーター養成事業では、「第2期」（2015年度）に参加された。

取り組んだのは芳井堰（砂防堰堤）の有効利用だ。三原村を流れる下ノ加江川は大きく蛇行する川なので、蛇行部分をショートカットすることで10m程度の落差を稼ぐことが可能だ。流量の多い中流で蛇行する河川では、ショートカットによる発電が古くから各地で行われている。ただし、川幅が広いため発電用に堰を新設すると建設費が高くなってしまう。そこで既存の堰の有効利用を考えたのだ。

2014年に建設に向けた活動を開始したが、河川手続きにかなりの時間を要した。初めての水利権手続きだったので、どのような資料を用意すれば良いかわからず、何度も資料追加を求められたり、民有地の取得交渉では、金額面よりも譲渡自体を納得していただくことに相当苦労されたそうだ。

それでも2018年には建設工事に入ることができ、2019年10月1日に無事運転を開始した。インテグレーター研修が、非常に役立ったという言葉をいただいた。発電計画研修で配布したエクセルシートや、流量を推計するためのデータ収集方法といった技術面に加えて、実際の発電所を何度も見学し、事業者の方から直接話しを聞けたことが有用だったし、また、受講生どうしの交流に助けられたことも大きかったという。

運用開始から1年が立ち、運転自体にはトラブルもなく順調。ただし、気候変動の影響か、予想以上に河川流量の変動（渇水も、増水も）が大きく、今のところ計画から大きく逸脱してはいないけれど今後が気がかりだという。現在は次の発電所建設に向けて準備を進めておられる。

芳井堰

発電所放流口

平井政志さん

1960年生まれ。2012年度より「NPO法人いきいきみはら会」での小水力発電事業化計画に参画。また「関西広域小水力利用推進協議会」、「高知小水力利用推進協議会」に参加。2013年3月より、一般企業（技術部門）を退職し、大阪から高知県幡多郡大月町に移住（Iターン）。2013年12月、自然エネルギーの研究開発を行う「合同会社クールアイランド」を設立し、自己消費用の小型ターゴ水車発電機等を開発。

小水力発電を一生の仕事に！
福井県坂井市「橙ノ木谷川（はんのきだにがわ）水力発電所」

試運転記念写真
（2020年2月）

　吉田裕則さんが小水力を自分の仕事にしようと決意してから、福井県内全域で河川調査を行ない、中でもとくに河床勾配が急であることから特に有望と考えて着手したのが橙ノ木谷川水力発電所だ。一般的に、急勾配であれば短い水路で落差が大きく稼げるため、山間地で適地調査する場合に重視されるのが河床勾配である。

　地点としては大変有望だったが、何もバックグラウンドを持たずに発電事業会社を設立し、その第一号案件だったことから、金融機関の信用を得るのが大変で、資金調達にとても苦労したと話してくださった。

　インテグレーター研修については、「小水力発電開発に関する全般的知識を得ることができた。特に数多くの発電所を見学する中で、様々なパターンに応じた計画・設計の考え方を知ることで、考えの幅が広がったことが役立っている」ということだった。またこの地点以外でも、一緒に研修を受けた仲間と共同で調査を行なったりしている。

　吉田さんからいただいたプロフィールは少し長いが、小水力発電の世界に飛び込んで事業を発展させようと挑戦する姿が描かれていたので、ご本人が書いたとおり紹介したい。

発電所外観

吉田裕則さん

　私は大学卒業後に地元福井県に戻り、生協に入協して地域の配送の仕事をしました。仕事を始めて2年目の平成16年7月に福井豪雨が発生しました。私の配送担当だった地域は、福井県内でもっとも多くの雨が降り、被害の大きかった美山・一乗地域でした。

　それまで配送していた家や橋が濁流に押し流されてなくなった状況を見て、水の力のすごさを実感し、この水の力を生かして防災に役立てられないかと考え始めました。

　それから水の力を利用する一つの方法として水力発電があること

を知り、これならば地域の中で実施して地域の力になるのではないかと考えました。

　水力発電を調べ、私に足りない要素は電気の知識だと思い、生協をやめて電気機器の総合商社に転職しました。そこで仕事をしながら電気の勉強をして、電気工事士の資格を取得しました。また、福井県内の河川を見て回りました。

　当初はRPS法での採算性を検討していましたが、なかなか難しいと思っていた矢先にFITが始まったので、会社を辞めてコンサルティング会社に水力発電検討の契約社員として入り、基本設計まで学びました。契約完了後すぐに「理創電力株式会社」を設立し、独自案件の調査を開始しました。そのうちの一件が、今回完成した「橙ノ木谷川水力発電所」でした。

滝の落差を利用し、設置されたドイツ水車
鹿児島県日置市
「永吉川水力発電所」

全景

　44.5kW というマイクロ水力発電をなんとか事業として成立させようと、及川斉志さんが5年間をかけて完成させた水車、愛称「水永吉君(みなきちくん)」。安価な水車をドイツでみつけたものの、日本特有の規制に阻まれ挫折しかけたこともあり、最後はドイツまで行って交渉したという。発電機や逆変換装置、制御装置などは日本の電気工事会社にお願いすることとなり、ドイツ製水車との連結に苦労が絶えなかった。写真を拝見するとかなりの土木工事を行なっており、この規模で採算に乗せるのはかなり大変だっただろうと思わずにはいられない。

ドイツ製水車

及川斉志さん

愛知県岡崎市出身。北海道大学理学部、フライブルク大学森林環境学部卒業。
映画『シェーナウの想い～自然エネルギー社会を子どもたちに～』を日本語翻訳。太陽ガス㈱社員。SATOEne㈱代表取締役。自然保護、景観保全に興味を抱き、ドイツフライブルク大学に留学。福島の原発事故をドイツで経験し、人と自然がうまく調和した社会の構築に貢献したいと自然エネルギーの開発に従事する。子どもの頃から川が好きだったこともあり、水力発電に惹きつけられて、現在は水力発電の開発に夢中になっている。

取水口

大正時代に建設された発電所を復活
三重県伊賀市
「馬野川(ばのがわ)小水力発電所」

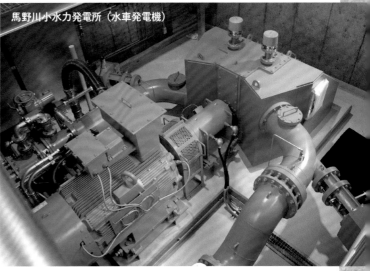
馬野川小水力発電所（水車発電機）

　三重県阿山郡大山田村を流れる服部川の支流・馬野川では、大正時代に地元有志が建設し、村落に1958年まで電気を供給していた馬野川発電所があった。松崎将司さんが目を付けたのは、その跡地だ。旧発電所設備が使えるわけאではなかったが、地形や流量の条件が良かったからこそ建設されたもので、水路ルートなどはほぼ元のルートを利用している。とはいえ、ルート上の岩盤破砕に1ヶ月を要するなど、相当の苦労があった。また、昔

は問題にならなかったオオサンショウウオの生息地であり、文化庁の許可を得るのに苦労したとのことだ。

インテグレーターの交流会では、旧発電所の資料や現場写真を写しながら熱心に語る姿が印象的だった。

導水管

松崎将司さん

1977年生まれ。
2000年大学卒業後、ゼネンコンに就職。第二東名高速道路等の建設工事に携わる。
2004年「株式会社マツザキ」入社後、三重県や伊賀市発注の公共土木工事の現場責任者を務める。建設業界の閉そく感と東日本大震災を契機に、再生可能エネルギー事業への関心が高まり、2013年株式会社マツザキの代表取締役に就任と同時期に、地元での

小水力発電所建設構想を打ち出す。2017年馬野川小水力発電所の事業主体となる「みえ里山エネルギー株式会社」を設立し、代表取締役に就任。2019年9月馬野川小水力発電所が運転開始。現在は建設業に加え、発電事業と1歳の息子の子育てに奮闘中。

概要				
発電所名	ふるさと発電所	橙ノ木谷川水力発電所	永吉川水力発電所※1	馬野川小水力発電所※2
水系	下ノ加江川	九頭竜川	永吉川	淀川
河川	下ノ加江川	橙ノ木谷川	永吉川	馬野川
最大出力	110kW	199.3kW	44.5kW	199kW
最大使用水量	1.6m³/s	0.239m³/s	0.68m³/s	0.402m³/s
有効落差	8.3m	103.7m	8.65m	66m
水車	水中タービン水車	縦軸ペルトン水車	クロスフロー水車	横軸単輪2射ターゴ水車
発電機	誘導発電機	三相かご型誘導発電機	永久磁石発電機	横軸三相誘導発電機
発電開始日	2019年10月1日	2020年2月20日	2018年6月11日	2019年9月11日
使用用途	FITによる全量売電	FITによる全量売電	FITによる全量売電	FITによる全量売電

※1『小水力発電事例集2018』6〜7ページにも掲載。　※2『小水力発電事例集2019』9、14ページにも掲載。

現在建設中の発電所

■ 秋田県仙北市での高橋昇治さんの挑戦

写真は2016年度のインテグレーター研修で現地調査を行った際、秘湯として知られる乳頭温泉近くで撮影したものだ。高橋さんはその後も調査を続け、「奥羽山系仙北平野水資源利用調査研究会」のメンバーが一念発起して立ち上げた「仙北水力発電株式会社」と、エネルギーの総合プロデュースとエンジニアリングを手掛ける「シン・エナジー株式会社」と共に、仙北市内初の「鶴の湯水力発電所」（199kW）を2021年8月に運用開始すべく現在工事を進めている。

現地調査の様子

また同じ仙北市内、奥羽山脈から流れる一級河川玉川から取水する、玉川温泉近くの「小野草水力発電所」（325kW）も既に着工しており、同年9月の運用開始を目指している。仙北市は「森と、水と、人々の

ハーモニー」という理念を掲げており、秋田の水瓶と言われるこの場所で、初めての小水力発電が稼働するその日が待たれるところだ。

高橋昇治さん

1975年、秋田県仙北郡西木村役場事務吏員として採用される（2007年合併し、仙北市）。2007年、「仙北市地域新エネルギービジョン」策定の主担当として立案、編集、認証に携わる。2014年、仙北市役所事務吏員を退職し、「奥羽山系仙北平野水資源利用調査

研究会」をメンバーと共に設立。小水力の有望箇所調査開始。2016年、「仙北水力発電株式会社」の設立に参画。渉外部長となる。この年、系統連携申請直前に、東北北部エリアにおいて「募集プロセス」が施行され、約3年間事業が凍結。この間、早期事業着手に向け東北電力株式会社（本社・支社）、経産省等にロビー活動を重ねた。2020年、東北電力株式会社から系統連携の採択が有り工事着手。これい伴い地元建設業者の選定並びに決定に係る事案について参画した。

秋田県での後藤鉄雄さんの挑戦

北東北エリアは電力系統が弱いところに再エネ発電が急増したため、2017年に「電源接続案件募集プロセス」（※3）が始まって現在まで続いている。当初の締め切り時点でこれに応募した案件はこのプロセスの中で入札により接続可能になるのだが、締め切りに間に合わないと、プロセス終了後まで高圧連系できないという状況にある。

後藤さんは、当面高圧連系ができないと見切りを付け、低圧連系用マイクロ水力発電装置を少しでも安価に製造するため、市販のポンプを使った「ポンプ逆転水車」と、太陽光発電用パワーコンディショナーに自社開発した計装およびシーケンス制御盤・ＡＣ／ＤＣコンバータ盤・ダミーロードなどを組み合わせ、これらすべてをコンテナに収めて9.9kW出力のユニット化したシステムを開発した。写真は2020年10月20日に開催した記者発表会の模様である。必要に応じて複数台並列運転することが可能だ。

実際の設置場所第一号として県内の農業用水に目を付け、水利利用者との合意にこぎ着けた。約1,400mの水路に段階的に5地点を建設すべく詳細調査中である。

今後は高圧連系も視野に入れ、単機出力49.5kWを並列するユニットの開発も目指している。

9.9kW 小水力発電モジュール

※3：系統連系希望者が、発電設備を送電系統に連系するにあたり、一般送配電事業者に接続検討申込みを行なった結果、送電系統の容量が不足し、既存の設備では間に合わず、大規模な対策工事が必要となる場合がある。仮に近隣に同じような系統連系希望者がいたとしても、個々の計画の守秘性から、案件は単独で検討され、工事費負担金は高額となる。このようなエリアでは、高額の工事費負担金を個別に支払うことの困難さから、系統連系が進まなくなるケースがある。そこで、このようなケースにおいては、近隣の案件も含めた対策を立案し、それを共用する多数の系統連系希望者で対策工事費を共同負担することにより、効率的な設備形成と個々の系統連系希望者の工事費負担金の低減が図られる。これが「電源接続案件募集プロセス」である。

後藤鉄雄さん

1954年生まれ。岩手大学工学部機械卒。1977年（昭和52年）東北電力株式会社入社、主に火力部門で勤務。本店勤務に加え、現場では、火力発電所や地熱発電所の建設、運転、保守業務に従事。同社を退職後、水力開発を中心とした会社を設立。水力発電が軌道に乗ったら中山間地の活性化に取り組むべく、準備中。

今後への期待

まだ発電所建設には至っていないものの、何人ものインテグレーターが各地で事業化を目指し活発に活動している。

北海道から参加した小野尚弘さん、福田雅大さんは、3年間のインテグレーター研修終了後、北海道内で「小水力発電リージョナル・コーディネーター（※4）」育成事業を、地球環境基金の助成金を利用して行った。研修資料作成を兼ねて、道内の廃止発電所情報を100ヶ所以上集めたり、参加者等からの情報を整理して、多数の候補地点を拾い上げている。

北海道は、現在系統制約で発電所建設が難しい状況だが、来年には「ノンファーム接続」（※5）による事業化が可能になると予想されるので、精力的に建設計画を進めている。

全国小水力利用推進協議会発足時から建設を目指していた「小早月発電所」（富山県魚津市）が事業化したのは2012年4月のことだった。事業会社は「株式会社アルプス発電」（富山県滑川市）で、インテグレーターの中山直希さんは今年4月に周辺自治体職員からアルプス発電に転職し、運転管理を行うとともに、第2号発電所の地点発掘を進めるのが主な仕事である。

しかし、適地があっても地域の合意形成が上手くいかなかったり、既に他事業者の計画があるなど、思うように進まないのが現状だと語っていた。

インテグレーター研修生を募集した際、水力資源に恵まれた長野県からは応募者が多かったため、希望者の多くは研修生ではなく、自費参加の聴講生に回っていただかざるを得なかった。その中の1人、金子幸司さんは小水力発電事業を目指し佐久穂町に地域おこし協力隊として入った方。いくつもの障害を一つ一つ乗り越えてきた粘り強さに感心させられる。たとえば、

計画初期に利用していた流量資料が実は使えないことが途中でわかり、計画が大幅変更になったことや、概略設計は進めたものの系統接続条件や負担金が障害になったこと、ようやくファイナンスの目処もたった今年は見積り依頼先の地元建設会社が災害復旧で手一杯になった、といった具合である。意志の弱い方だったら途中で挫折していただろうと思う。

また一方、小水力だけでは生活を支え切れそうにないからと、建築士の資格を活かし古民家再生にも取り組んでもいるマルチプレーヤーである。

全国小水力利用推進協議会が目指す最大の目的は、地域の皆さんが足下の水資源を活用して地域振興を図ること、そのためにできる限り自分たちが主体となって事業を生み出すことである。一方、小なりといえども水力発電には技術面、制度面や開発プロセスに難しい面も多く、それを克服するための人材育成としてインテグレーター養成事業を行なったことは冒頭に書いたとおりだ。

ここまで紹介してきたように、人数的には参加者の一部であるものの、既に運用開始した発電所が出てきており、建設中のもの、計画中のものも増えてきている。また後藤さんのように、発電所を建設するだけでなく発電システムの技術開発に挑んでいる方もいる。小水力発電の歴史に1ページを刻むことができたのではないかと自負するところである。

インテグレーターのますますのご活躍を祈念するとともに、この活動に資金提供くださり、事業進行を支えてくださった「独立行政法人環境再生保全機構」とスタッフの皆様に、あらためて感謝を申し上げて本報告を閉じたい。

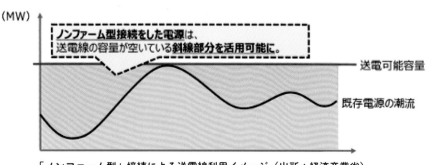

「ノンファーム型」接続による送電線利用イメージ（出所：経済産業省）

※4：住民・行政・企業・NPOなど、まちづくりに関わる様々な人や組織をつなぎ、官民一体のまちづくりを推進する「まちづくりの調整役」のこと。

※5：空き容量がある時間帯には送電できる、すなわち空き容量がない時には出力制御することに合意の上で接続するのが「ノンファーム型接続」。ノンファーム（Non-firm）とは"ファーム（firm、堅固な、しっかりしたという意味で、送電できることが約束された接続であると言える）ではない"ということ。

特集❸ 小水力発電の現場

福田 浩二

国立研究開発法人 農研機構 農村工学研究部門 地域エネルギーユニット 上級研究員。
1966年山口県生まれ。東京農工大学農学部卒。岩手大学大学院連合農学研究科修了。農林水産省を経て、2018年より現職。

「頭首工」-取水堰- を学ぶ

国立研究開発法人農業・食品産業技術総合研究機構農村工学研究部門
地域エネルギーユニット　福田浩二

小水力発電では、水をどのように取水するかが肝心となるが、そのひとつの方法として「頭首工」（取水堰）がある。多くは農業用水を引くために発展した技術だが、頭首工を利用して小水力発電を設置できることは、認知がまだ浅い。一般読者にも理解ができるよう、農研機構農村工学研究部門の福田氏に、図解付きの解説をお願いした。（編集部）

■ 頭首工ってなに？

頭首工（取水堰）は、湖沼や河川などから必要な水を用水路に引き入れるための施設である。主に田や畑に水を引く農業用水のためにつくられ、現在全国に約2,000ヶ所あると言われている。一般的に頭首工を河川に設置する場合は、流水をせき止めて上流側の水位を上げ、河岸に設けた取水口から取水する。

これまで小水力発電施設はダムや用水路上（落差がある所）に多く造られているが、頭首工地点に設置されているものは数少ないのが現状だ。河川の安全性や従来からの水利用に影響を与えないよう、より慎重な検討や対策が必要であることが理由であると考えられる。

一方、頭首工地点では、地形上の高低差やせき上げによる水位差が確保できるなど有利な点がいくつもある。

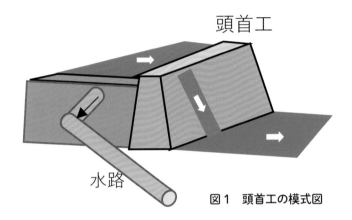

図1　頭首工の模式図

再生可能エネルギーの一層の生産拡大のためには、頭首工を活用した小水力発電の開発が期待されることから、既存の事例について、その特徴を踏まえて5つに類型化し、それぞれの整備条件を整理した。

頭首工を利用した小水力発電の類型

1）専用迂回水路型

頭首工上流の取水口から発電専用の用水を取水し、頭首工直下で発電・放流するタイプ。

頭首工地点の落差および流水を利用するものとして発電施設のタイプを3つに分類した。

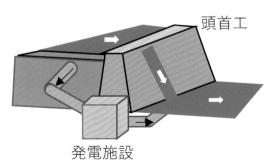

図2　専用迂回水路型の模式図

図3　専用迂回水路型の事例

2) サイホン型

頭首工上下流をサイホン管（※1）で接続し、サイホン管に発電設備を設置して発電するタイプ。

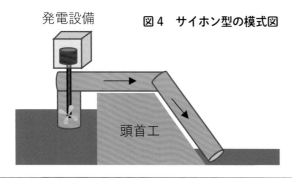

図4　サイホン型の模式図

図5　サイホン型の事例

※1サイホン管とは、水を水面の高さよりも高い所へ持ち上げた後、低い所へ移すことができる特殊な構造の管

3) 堰堤内利用型

頭首工内に設置された水路などに発電設備を設置して発電するタイプ。

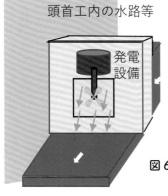

図6　堰堤内利用型の模式図

図7　堰堤内利用型の事例

次に、従来から多く見られるタイプだが、頭首工地点から離れた、農業用水路上の落差や流水を利用するものについて、主に水利権の観点から、タイプを2つに分類した。

4) 農業用水従属型

頭首工から取水する農業用水を利用して発電するタイプ。

5) 発電専用水型

発電専用の水を取水して発電するタイプ。発電用水は農業用水路を利用して流下させ、農業用水路上あるいは周辺域にある落差を利用して発電する（発電後は速やかに河川に放流）。

図8　農業用水従属型の事例

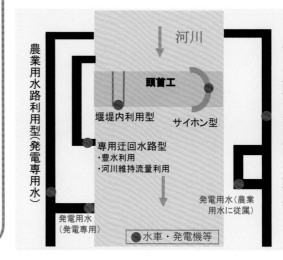

図9　頭首工を利用した小水力発電のタイプ

頭首工地点での小水力発電の特徴

頭首工を活用した小水力発電のうち、頭首工地点における小水力発電はまだ事例が少なく、今後開発の可能性は少なくない。頭首工地点に設置するメリットとしては以下が挙げられる。

● 地形による落差のほか、せき上げによる水位差も利用できる可能性がある
● 河川に十分な水量がある場合は、農業用水として権利が認められている水量以上の水を利用できる可能性がある

● サイホン型ほか多様な形式の発電設備を導入できる可能性がある
● 減水区間（※2）が発生しない（あるいは極めて短い）ことから、他の河川水利用や河川環境への影響が生じにくい

※2 減水区間とは、取水された水が下流で河川に戻されるまでの河川の水量が減少する区間。

類型別の整備検討条件　各類型別の主な整備条件を整理すると以下となる。

1) 専用迂回水路型

迂回水路の用地を確保可能であること、迂回水路や発電設備が既存の河川水利用や河川の安全に影響を与えないこと、減水区間を極力短くすることなど。

2) サイホン型

頭首工の河川水の流下能力に余裕があること、発電設備が洪水防止に悪影響を与えないこと、近傍の河川の分流に影響を与えないこと、発電設備について洪水による流出や水没による影響がないこと、頭首工上流側で安定した水位が確保されることなど。

3) 堰堤内利用型

発電設備を設置する水路等が頑丈で施設整備に支障がないこと、水路等の流量が年間を通して安定していること、発電設備が頭首工や水路等の機能に影響を与えないこと、水路等に設置する発電設備が容易に撤去可能であること（洪水防止に悪影響を与えないこと）など。

4) 農業用水従属型

用水路上に落差を確保できること、年間を通して安定的に農業用水を確保できること、発電設備の設置により用水路の機能に悪影響を与えないこと、発電設備や電線の設置工事及び発電設備の運転管理に大きな支障がないことなど。

5) 発電専用水型

長期間にわたり農業用水路に発電専用水を流せること、発電専用水を安定して確保できること、用水路上に落差を確保できること、発電設備の設置により用水路の機能を阻害しないこと、発電後速やかに発電専用水を河川に戻すことができること、減水区間をできるだけ短くすること、発電設備や電線の設置工事及び発電設備の運転管理に大きな支障がないことなど。

留意点

頭首工を活用した小水力発電の開発は さまざまなメリットがある一方、他の河川水の利用、河川の安全性や利用、周辺環境に対する影響などに十分な検討と対策が不可欠である。自然条件や社会条件に応じて柔軟かつ慎重に計画を練り上げていく必要があり、早めに関係機関等に連絡や相談を行うことが重要である。

出典
図3 「県営かんがい排水事業吉井川下流地区 新田原井堰発電所」（パンフレット）（岡山県東備地方振興局、吉井川下流土地改良区）
図7 「小水力発電を河川区域内に設置する場合のガイドブック（案）」（平成25年3月、国土交通省）

「3KD」で実現する小水力の未来
時代は"Keep Distance"

「全国小水力利用推進協議会」（以下、協議会）では、今年の夏に理事の金田氏が中心となり、「3KD研究会」なるものを立ち上げ、活動を開始した。この活動の概要については、協議会のニュースレター（夏 No.56, 2020年7月発行）で紹介され、その後、会員向けのリモート説明会も開催されているが、ここで改めてこの活動概要などを紹介しておきたい。（編集部）

特集④

小水力発電事業化の仕組みを変えたい！

全国小水力利用推進協議会
理事 **金田 剛一**

ハイドロ・エコロ技術士事務所、代表。エンジニアリング会社にて国内外の水力発電設備のエンジニアリング業務などに従事。現在は、小水力発電設備の技術コンサルタト業務に従事。全国小水力利用推進協議会理事、技術士（電気電子部門）。

■ 活動の背景

この活動の背景のひとつに小水力発電機器の国内市場価格が、海外市場価格より突出して高いというものがある。図1に、近年の500kWクラスの小水力発電機器の国内市場価格と海外市場価格を比較したものを示す。国内市場価格は、経済産業省発行の「水力発電計画工事費積算の手引き（H25年3月）」に基づいたもので、海外市場価格は実際の東南アジアのプロジェクトにおける欧州メーカー各社の見積りなどに基づいて算出した価格である。この事例は、国内市場価格は海外市場価格より2〜3倍程度高いことを示しているが、この傾向は小水力の容量規模やシステムの違いに係わらず全般的に見られる。

この高価格傾向の背景には、国内の小水力開発が、電力業界の体質や商習慣、これを取り巻く環境の影響を受けていると考えられる。すなわち、小水力の開発

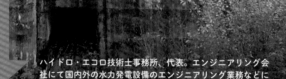

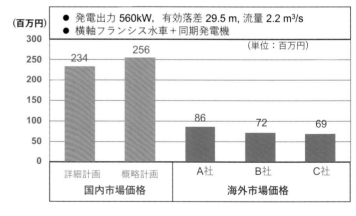

図1 小水力発電機器の市場価格比較

手法や技術仕様の決め方などは、従来の大中規模の水力開発をベースとしているところがあり、これらが市場の寡占化、高価格化を招く要因になっているということである。このため、協議会では、これらから脱却した新しい取り組みにより、小水力開発の健全化、コストダウンを目指すことにしている。

■ 活動の概要

　この具体的な活動としては、電力業界の領域（主に1,000kW以上）と、協議会が注力している領域（概略1,000kW以下）で、「棲み分ける」という考え方を明確にし、協議会の領域では、2つの活動を行うことである。

　ひとつめは、「3つのキープディスタンス」である。すなわち、

① 電力業界から離れる
② 関係省庁から離れる
③ マニュアル、ガイドラインから離れる

の3つで、従来の電力業界主導の開発手法などから距離を置こうというものである。ちなみに、この研究会の「3KD」は、「3つのキープディスタンス (Keep Distance)」の頭文字を取ったものである。

　それを踏まえて、ふたつめの活動は「国際標準であるFIDIC（国際コンサルティング・エンジニア連盟）の考え方を取り入れる」ことである。この考え方とは、発注者と請負者の間の「設計」と「リスク」に対するものである。

　まず、「設計」に対する考え方であるが、FIDICでは小水力発電機器の設計は請負者が行い、発注者側（事業者、コンサルタント）は介入しないというのが基本である。これは非常に合理的な考え方である。何故ならば、発注者側が小水力発電機器の設計を行うことは、事実上不可能だからである。現在、国内の地方自治体などの小水力開発では、「設計施工分離の原則」などから、小水力発電機器についても発注者側が設計を行っているが、もともと無理な考え方であるため、非合理、不合理な設計となり、これが価格高騰の要因ともなっていると考えられる。

　次に「リスク」に対する考え方であるが、FIDICでは発注者と請負者が公平に分担しようというのが基本である。現在の国内の小水力開発では、特に地方自治体などの発注者は、請負者側にほとんどのリスクを負わせる傾向が強いが、これを公平に分担することで請負者のリスク分の負担を軽減し、価格低減に繋げるという事である。

　これらのFIDICの考え方は、日本を除く世界中の小水力開発で広く取り入れられているもので、非常に合理的で、価格低減にも繋がるため、国内の小水力開発にも是非取り入れるべきものと考えている。今後、協議会では、事業者やコンサルタントなどに対し、これらの新しい取り組みの普及活動をおこなっていく計画である。

■ 3つのキープディスタンスの例 (水車選定の非合理、不合理)

　当研究会の活動では、「3つのキープディスタンス」を提案しているが、今回は誌面の関係で、「マニュアル、ガイドラインから離れる」に焦点をあて、この中から現状の水車選定に潜む不合理や非合理について紹介したい。

　国内の小水力開発で、小水力発電機器の入札や見積りを行う場合、発注者側（事業者、コンサルタント）が発行する見積仕様書または特記仕様書などには、通常、水車の形式が明記され、この仕様なども記載されている。では、この水車の形式や仕様は、どのようにして決められたのかというと、ほとんどは関係省庁が発行したマニュアルやガイドラインなどに基づいているということである。この代表的なものとして、経済産業省がH25年3月に発行した「水力発電計画工事費積算の手引き」がある。この中には、水車選定図（図2参照）が記載されており、この中から1種類の水車を選定することとしている。しかし、もし仮に、計画地点の水理諸元（落差、流量）が水車選定図の●の地点であったとすると、この地点に適用可能な水車は、6種類（写真1参照）あることを示している。

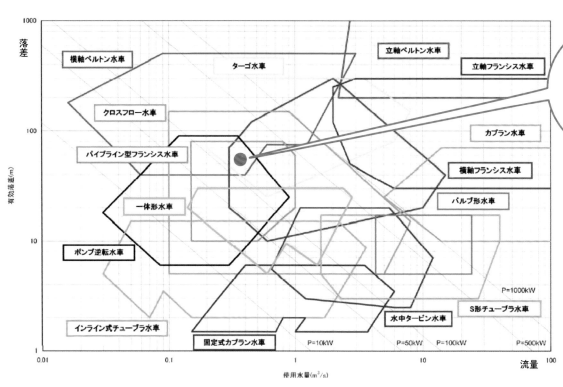

仮に、落差と流量がこの⬤地点であれば、どのように水車を選定するのか？

図2：水車選定図
出典：経済産業省、水力
電計画工事費積算の手引

横軸ペルトン水車

ターゴ水車

インライン式フランシス水車

横軸フランシス水車

クロスフロー水車

ポンプ逆転水車

写真1：水車選定図で⬤印地点に適用可能な水車

また、この水車選定図には入っていないが、実際にはこの地点に適用できる立軸フランシス水車や、立軸ペルトン水車など（写真2参照）も存在するため、全部で8種類の水車が適用可能となる。

これらの水車の効率や特性は、水車の種類によってそれぞれ異なり、また水車メーカーによっても異なるものである。また、水車メーカーも、供給できる種類は限られ、もし仮に供給可能な種類であっても得意、不得意があるということがある。

立軸ペルトン水車

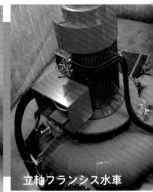
立軸フランシス水車

写真2：水車選定図では選定できないが、実際には適用可能な水車

この様な状況で、例えばマニュアル通りに1種類を選定して、見積り・入札を実施した場合、対応できる水車メーカーは、1～2社程度に限られることも考えられ、競争が成立しにくい状況になるが、果たしてこの方法は合理的と言えるのだろうか？

一方、前項で述べた、FIDICの設計の考え方を適用すると、どのようになるだろうか？　水車の種類の選択は、請負者側が行うべきものとしているため、入札や見積りの仕様書では水車の種類や仕様を指定せず、水理諸元や土木条件などの要求事項を記載するだけになる。これにより、上記の●の地点のケースでは、8種類の水車が選定候補となるため、数多くの水車メーカーが見積りや入札に参加できる事となる。

そして、これらの水車メーカーから技術仕様や見積回答の提示を受け、この中から「kWhあたりの水車発電機器の単価」の優れた水車メーカー、水車形式を選定すれば良いということになる。この方法は、水車選定図などが存在しない海外では一般化しており、多くの水車メーカーが参加できることから、自ずと自由競争市場が形成され、これが市場価格の低減に繋がっていくものと考えられる。

■ あとがき

これまで、小水力発電機器に対するコストダウンに向けた取組みは、いろいろな組織や団体で行われてきた。新技術・革新技術の開発・導入、好事例の紹介、機能の省略、ラインアップ型の水車の開発、海外製水車の紹介など、様々である。しかし、ほとんど目立った効果が出ていないという実態がある。

これは何故だろうか？海外市場と国内市場では、何が違うのだろうか？などと考えた場合、その答として出てきたものは、「コストダウンへの取組みは、小水力発電機器のメーカーや供給側に向けるべきものではなく、購入者側（事業者、コンサルタント）が行うべきもの」ということである。

では、この方法とは？　何も特別な事をする必要はない。事業者側が生み出す非合理や不合理を排除し、「安くて良いものを買う」これだけである。そうすれば、水車の供給者側も、自ずから安くて良いものを造らなければならないと思う筈である。

【お知らせ】3KD研究会では、この活動に対する皆さんのご意見、ご要望などをお受けしております。事務局までメールにてお寄せください。（info@j-water.org）

事例 ① Case
秋田県鹿角市
「柴平近江谷地
小水力発電所」

持続可能な循環型の仕組みを目指す！
小水力発電を活用した民間林業事業者の挑戦

株式会社西村林業　代表取締役　西村公一

森林の水資源をエネルギーに変える小水力発電に挑戦した稀有な林業会社が、秋田県鹿角市にある。構想から十年余りが経過した令和元年11月24日午前零時、株式会社西村林業が手掛けた「柴平近江谷地小水力発電所」は売電を開始した。有効落差10.83m、最大使用水量0.65㎥/sの場所で、ほぼ例のない1級河川から取水する事業をどのような形で林業会社が成し得たのか、事業化を主導した「株式会社西村林業」の西村社長に、その物語を語って頂く。（編集部）

森を守るために動き出す

柴平近江谷地小水力発電所事業者である株式会社西村林業は、森を育てる「林業」を生業としており、成熟期を迎えた木の伐採のみを行うのではなく、そこへまた苗木を植え、山を育て、資源を循環させる持続可能な森林経営を目指している。

当社は、先代から何十年もかけて山の手入れを行い、森の持つ様々な機能を向上させてきた。適切な手入れを行ってきた結果、その山を水源とする川は長い時間をかけて水がきれいになり、流量も安定するようになったのである。その潤った豊かな森から流れ下る澄んだ水を見た時、このエネルギーを利用して水車を回し、発電機を回転させ、水のエネルギーを電気エネルギーとして取り出す水力発電所をつくれば、発電で得られる収入で再び森の手入れをすることができ、さらに多くの森を再生できるのではないか、そして、生物多様性、経済的、社会的、環境的、文化的な便益を現在および将来世代に提供する、持続可能な循環型の仕組みをつくれるのではないか、そのようなビジョンを考えるに至ったのである。

適正に管理された森林は、木材、食料、燃料、飼料やシェルター等の重要な生態系サービスを提供するとともに、土壌や水の保全、きれいな空気などに貢献し、土地の劣化を防ぎ、自然災害のリスクを減少させる。

しかしながら、このような森林による生命に対する極めて重要な貢献があるにも関わらず、我々人間は多くの地域で持続可能でない行為によって、森林減少や森林劣化を意図せず進めており、その代償として本来森林が持つさまざまな公益的機能を発揮する力を奪っている。近年の地球温暖化の影響により頻発する大災害や環境の変化を目の当たりにしている今、もはやこの状態を誰もが看過することなどできない。

「何とかしなければならない。いま自分たちができることに取り組もう」

こうして地場の林業事業者が主体となって小水力発電を導入し、地域のエネルギーを地域で循環させ、そこで生まれた収益が、地域創生や環境問題の解決に向けた森林整備の原資となり、循環・持続していくことを目指す「豊かな森構想」の活動が始まったのである。

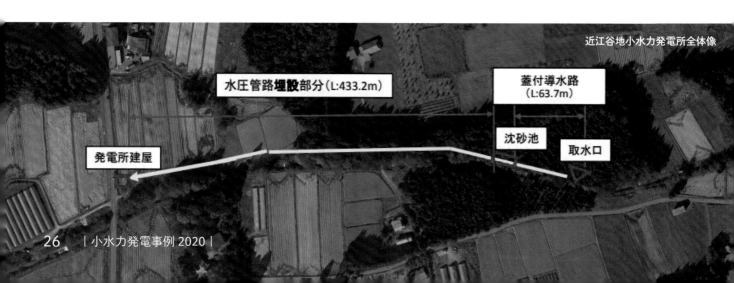

近江谷地小水力発電所全体像

水圧管路埋設部分（L:433.2m）　蓋付導水路（L:63.7m）

沈砂池　取水口

発電所建屋

景観に配慮された建屋。地域にある木骨レンガ造を模した。
レンガは使わずモルター工法と呼ばれる全てモルタルでつくる特殊工法でつくられた。

■ 社内外につくった仲間たち

　まず初めにやったことは、仲間づくりであった。我々の考えや実現したいこと、必要としている情報や人材について、さまざまな方に熱心に粘り強く話をしていき、そうした中で、1人2人と支援してくれる方が現れ、課題が生まれるたびにその方たちが人を繋いでくれ、新しい出会いが生まれ、課題を解決しながら仲間が増えていった。さまざまなジャンルで活躍されている方々がさまざまな地域から集い、我々が実現したい持続可能な循環型の仕組み実現に向け、熱い支援をしてくださったのである。

　1級河川で事業ができるようになったのも、収益性を検討し、海外製の水車導入にチャレンジできたのも、ここに集ってくれた方々のお力添えの賜物であった。

■ 「豊かな森構想」の実現を目指して

　決意をし、仲間を得て、いよいよ事業化に向けた本格的な動きが始まった。まずは場所の選定である。地図を見て、現地を見て、さまざまな候補地をピックアップしていく。それぞれの候補地で事業性評価を行い、一番良いところを選定する作業である。何が一番良いかは、それぞれかと思う。我々は「豊かな森構想」により、生物多様性、経済的、社会的、環境的、文化的な便益を現在および将来世代に提供することを目的としていたので、この目的を達成する可能性が高い「近江谷地」という場所を選んだ。目的に沿う場所を選ぶことはとても大切なことであり、これには実に3年という時間をかけた。

　候補地が決まれば、次は測量・基本設計を行う。併せて、水利権のための河川協議・土地の用途変更・電力の協議、地権者との協議など、さまざまな許認可協議も行う。これには約2年の月日を費やした。

　許認可協議が完了すると、次は詳細設計を行う。協議の結果を反映した形で最終図面の確定までもっていく。最終図面が確定すると、いよいよ最終的な申請作業を各所に行い、それぞれ許可がおりれば発電所の建設が開始される。

　平成30年（2018年）8月22日、起工式を執り行い、周辺の田畑の耕作に支障がないよう、本格的な着工はその年の11月から開始。工事中もさまざまな問題に直面し、それらを一つ一つ解決しながら迎えた平成31年11月初旬。ついに完工の日を迎えることができた。

極寒での水車搬出作業

沈砂池工事。真冬の工事となり、
凍結防止のため、ブルーシートをかけ、
外でボイラーを焚き、コンクリートの打設を行った。

竣工式の風景

■ 「道徳なき経済は罪悪、経済なき道徳は夢物語」

当社が事業を行う際、普段から大切にしている考え方がある。それは、二宮尊徳の教えを元にした「道徳なき経済は罪悪であり、経済なき道徳は夢物語である」というものだ。世や人を欺き、お金を儲けるために何でもやることは罪悪を生み出すものであり、すべきでない。しかし一方で、どんなに世のため人のためになることであっても、収益が伴わなければ実現できなかったり、実現できたとしても続かない。それでは結局世のため人のためにならない夢物語であり、ことを為さないということである。

多くの地域創生や環境問題への取り組みは、理念や思想が先行して、収益を上げて実現・継続していくという考えや行動が脇に置かれていたように思う。これは、「世のため人のためと言いながら金儲けするのか」というレッテルを周囲から貼られることを恐れ、収益を上げることに及び腰になってしまうことが主な原因と思われる。

しかしながら、理念を持って利益を出すこと、つまり、「道徳なき経済」や「経済なき道徳」などの両極端ではなく、バランスをとり、お互いを補い合う「道徳ある経済（経済ある道徳）」が実現性と持続性を生むのであり、しっかりバランスを取るべきと当社は考えている。当社は理念だけではなく、事業収益化の方法を必死に考え、得られた収益をどう使うかを明確にし、さまざまな場所や場面で発信してきた。一部の人からは金儲けが目的だと言われたこともあったが、結果としてそれよりもはるかに多くの人たちから共感をいただいたのである。収益を得ることは目的ではなく手段であり、目的は、生物多様性、経済的、社会的、環境的、文化的な便益を現在および将来世代に提供することなのだと、多くの方たちにご理解いただけた証である。

素晴らしい理念を持っておられる方は、収益化の方法を必死に検討して、得た収益が理念の実現に資することを発信しながら、ぜひ恐れずに収益を得て欲しいと思う。

■ これからのこと

　我々のビジョンや理念に賛同くださる多くの方々のご支援、後押しを得て「豊かな森構想」は育まれ、柴平近江谷地小水力発電所の売電開始をもってようやくスタートすることができた。循環させ、持続させていくためには、まだまだ知恵を絞り、改善すべきところは改善し、たゆまず動いていかなければならない。そして、この取り組みだけで終わらず、もっともっと多くの方に地球温暖化の問題や地域の問題を知っていただき、それら問題の解決策の一つとなりうる「豊かな森構想」や小水力発電について知っていただくことで、活動の輪を広げていくことも必要である。

　森林整備によって潤った豊かな山が集め・蓄えた水を利用する小水力発電は、持続可能な開発である。小水力発電は他の再生可能エネルギーと比較しても環境負荷が低く、CO2排出量が最も少ない、地球温暖化防止にも繋がるクリーンエネルギーであり、昼夜を問わず一定量の電力を安定的に低コストで供給できるベースロード電源でもある。

　これだけ魅力的な小水力発電だが、まだまだ普及が進んでいないのが現実である。その大きな要因は、調査や許認可、同意形成、資金調達などに時間がかかり、スタートから売電開始までの期間が長くなってしまうためである。売電を開始しなければ、当然収益は上がらない。収穫まで時間がかかる事業であるため、短期的に儲けることを考えてしまっては事業に踏み出せないのである。仮に短期的に儲けることを考えていなかったとしても、売電開始までの期間をどう乗り切るかの策や体力がなければ、同じく踏み出せない。

　では、できないのか？と言われれば答えは「No」である。

　実際、多くの失敗や紆余曲折はあったが、私たちの発電所は形になった。理念があり、経済性を考え、仲間が集まれば十分事業化は可能なのである。

　我々がコストと時間をかけてやってきた失敗や紆余曲折を、皆さんが同じようにやる必要はない。事業化を進める前に必要な準備、開発ノウハウ、事例を元にした失敗・課題の克服のヒント、想定されるリスクなどを、事業者である私たちと外部専門家によって詳細にお伝えする「現地視察・勉強会」を我々が行っていくからだ。これから小水力発電をつくろうと真剣に考えている方にとって実利ある視察研修となるよう、質疑応答の時間もたっぷり設け、分からないことをクリアにして帰っていただく、より実践的な「現地視察・勉強会」である。

　開始時期や詳細については、新型コロナウイルス感染症の感染拡大状況が落ち着き次第、当社HPで案内させていただく予定となっている。失敗や紆余曲折のコストを減らすため、ぜひご活用いただき、理念をもった小水力発電所が一つでも多く形になることを切に願っている。

発電所名	柴平近江谷地小水力発電所
水系	米代川
河川（用水名）	間瀬川
最大出力	49.9kW
最大使用水量	0.65m³/s
有効落差	10.83m
水車	クロスフロー水車
発電機	横軸誘導式発電機
発電開始日	2019年11月24日
使用用途	FITによる全量売電

導水路の風景

50年前の発電計画が実現！
官民連携による水道山水力発電所が運転開始

日本工営株式会社　エネルギー事業統括本部　プロジェクト部長　鷹尾伏 亮

日本は「水の国」と言われるほど、水資源が豊富で、水力発電所の歴史は古く、100年以上前に運転を開始したものも存在する。郡山に適地をみつけ、事業化を計画した技術者の思いが、50年後に花開くこととなった。技術者の絆を感じずにはいられない、官民連携事例を紹介する。（編集部）

出典）郡山市上下水道局提供　図1 昭和49年（1974年）の発電計画

■ 猪苗代湖が取り持つ水の縁

　郡山市上下水道局は「郡山市水道事業基本計画」において低炭素社会に向けた事業運営を推進しており、その一環として既存水道施設を利用した官民連携による小水力発電事業を企画した。専門的技術力を有する事業者を水道局が公募し、「日本工営」の技術提案が採用された。

　2020年3月4日、水道山水力発電所（福島県郡山市）が日本工営の設計施工（EPC事業）により完成し、運転を開始した。当社の100%出資子会社である「株式会社工営エナジー」が同発電所を運営する。

　実は、筆者が出生直後の1974年（昭和49年）に、日本工営が受託した水道用導水路設計業務において、同じ導水路を利用した発電計画が存在していた（図1）。本事業で当社が特定された後の資料収集で明らかになったものであるが、猪苗代湖を水源とし、郡山市の水道需要を支える導水路は、当時から発電の適地として評価されていた。当社がもつ水力開発のDNAは今に受け継がれている。

概要	
発電所名	水道山水力発電所
河川	阿賀野川水系猪苗代湖
用水名	―
最大出力	600kW
最大流量	1.15m³/s
有効落差	72.57m
水車	横軸フランシス水車
発電機	横軸三相同期発電機
発電開始日	2020年3月4日
使用用途	FITによる全量売電

比較項目	昭和49年度設計 (A)	今回 (B)	割合 (B/A)	備考
計画一日最大給水量（m³/日）	146,000	122,000	84%	S49：将来の水道需要を見込むと380,000m³/日
計画一日平均給水量（m³/日）	114,172	104,429	91%	
取水位（猪苗代湖HWL EL.m）	514.200	514.124	-	
放水位（EL.m）	393.000	436.410	-	S49：堀口浄水場付近に発電所を計画
総落差(m)	121.200	77.714	64%	今回：減勢槽に発電所を導入
有効落差(m)	97.630	74.000	76%	
最大使用水量（m³/s）	4.30	1.15	27%	S49：380,000m³/日をもとに計画
最大出力(kW)	3,373	600	18%	

表1　昭和49年の発電計画との比較（水道山水力発電所）

受け継がれた発電構想

　約50年前の計画と現在の水道山水力発電所の諸元を表1に比較した。水車は現在と同じフランシス水車を想定していた模様である。最大出力が3,373kWに対し現在は出力600kWとした。これは、将来の水道需要を見込んだ最大使用水量と発電所位置の標高差によるものであり、前提条件が縮小されているが、現在の諸元は、約50年前と比例する。水道需要と未利用落差を利用した発電の発想は同じである。

　コンセッション（注1）、ダムESCO事業（注2）、EPC事業（注3）など、昨今のFIT制度に伴い水力発電を利用した事業形態は多様化したが、水力発電技術そのものは昔と変わらないようである。水道インフラの安全性を第一とした安全設計、限られた敷地内での配置計画において、当社技術員が創意工夫した発電所（図2）であるが、昔も同様の課題があったのだろう。水力発電の計画は、多岐にわたる技術が融合してはじめて実現する。本事業完成の半世紀前に、諸先輩方々も現在と同じ様な構想を抱いていたことを忘れてはいけない。

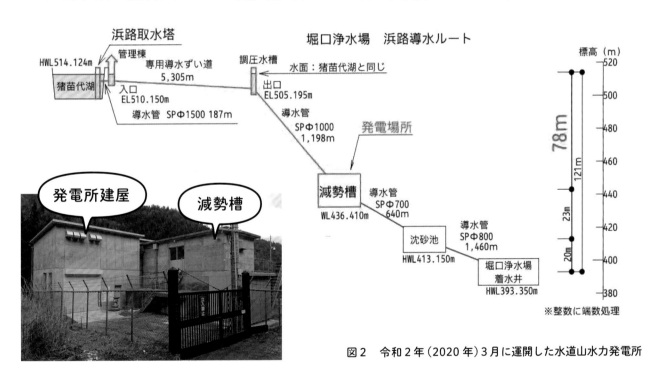

図2　令和2年（2020年）3月に運開した水道山水力発電所

注釈	注1　コンセッション：施設の所有権を公共主体が有したまま、施設の運営権を民間事業者に設定する方式。
	注2　ダムESCO事業：県が民間の持つ技術力、資金、経営能力等を活用し、管理ダムにおいて管理用発電の設置と省エネルギー化を図る事業。
	注3　EPC事業：設計（Engineering）、調達（Procurement）、建設（Construction）の3つの頭文字を取り、一連の工程を請け負う事業化、プロジェクト、支援サービスを指す。

NIPPON KOEI

水力発電事業のご案内

豊富な実績を基に、様々なビジネスモデルをご提案します。

日本工営（NK）は、グループ会社の工営エナジー（KE）を技術で支援しています。

共創事業

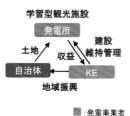

2013年 新曽木発電所 490kW

伊佐市と共同で曽木の滝の景観を損なわないような水量で小水力発電所を建設・運営し、観光振興と再生可能エネルギーの教育啓発活動を実施しています。

BOT・ダムESCO

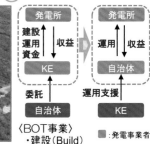

〈BOT事業〉
・建設（Build）
・維持管理・運営（Operate）
・公共へ移転（Transfer）

2015年 四時ダム発電所 470kW

管理用水力発電と既存設備の省エネルギー化を行うことにより、既存の水力エネルギーの有効活用や環境負荷の低減、さらに管理費の削減を図るものです。

砂防ダム直下の発電所

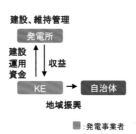

2015年 高井発電所420kW

長野県上高井郡高山村にある高井砂防ダムの落差を活用し、事業を実施しています。当地点の水は酸性河川のため、水車のケーシングに対腐食の材質を使用しています。全国に多数点在する砂防堰堤の有効活用に取り組んでいます。

国産らせん水車の導入

2019年 八幡沢発電所　19.9kW

岩手県一関市の農業用水路の落差工を活用した国産初のらせん水車発電が2019年4月に運転を開始しました（事業主：照井土地改良区）。らせん水車の低落差で発電でき、ゴミに強い特長を活かし、日本全国の農業用水路などに営業展開中です。

共同事業

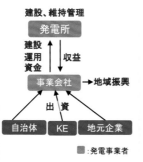

2020年運開予定　おおくら升玉水力発電所490kW

山形県最上郡大蔵村にある舛玉砂防ダムを活用し、地方自治体、地元企業と共同出資による事業会社を設立し、建設を開始しました。砂防堰堤の水力発電事業は、高井発電所の設計、工事、維持管理の実績を活かしています。

上水道未利用落差の活用

2020年水道山水力発電所600kW

福島県の郡山市上下水道局と連携して、同水道局が保有する上水施設の未利用落差を活用した小水力発電事業を実施しています。

小水力発電の可能性調査から、設計、機器製造、土木工事まで、お客様のニーズにお応えします。

日本工営株式会社 エネルギー事業統括本部

開発・運営事業部

（ 株式会社工営エナジー ）

〒102-0083 東京都千代田区麹町4-2
TEL：03-5215-6895　FAX：03-5215-6813
E-mail：denryoku@n-koei.co.jp

〒102-0083 東京都千代田区麹町4-2
TEL：03-5215-6926　FAX：03-5215-6931
E-mail：koeienergy@n-koei.co.jp

かんがい用水路の未利用落差を有効活用
設備を再生し、地域住民・自治体・企業と一体で計画・運用

飛島建設株式会社　土木事業本部　プロジェクト統括部
環境・エネルギーグループ　中村和弘

小水力発電所は、建設後の降雨・台風などの気象状況への対応や、日々の除塵メンテナンスなど、地域とのつながりなくして成り立たない技術である。その意味で、地域住民に密接したエネルギーであり、周辺地区とのコミュニケーションや協力が欠かせない。企業の柔軟な姿勢・対応力で、次々と小水力発電を手掛けている飛島建設の好事例を紹介する。（編集部）

■ 地区の老朽設備を更新・再生

「飛島建設株式会社」と「株式会社オリエンタルコンサルタンツ」の両社は、岐阜県中津川市内に共同で神坂霧ヶ原小水力発電所を建設し、2020年4月から運転を開始している。同市内では2016年4月に落合平石小水力発電所の運転を開始しており、当発電所は自社発電事業として2ヶ所目の発電所となる。

当発電所は神坂霧ヶ原地区にあるかんがい用水を発電用水として利用している。かんがい用水路の設備を一部更新・共用し、老朽化した水路の大半を小水力発電の水圧管路として整備することで、新しいかんがい用水路としている。このため、当発電所の建設はかんがい設備の再生の役割も担っている。

・かんがい用水路の一部（青実線部：延長245m）を改修整備し導水路として利用。
・ヘッドタンクより下流側の水圧管路（赤線部：φ350FRPM管およびダクタイル鋳鉄管 延長計1,301m）はかんがい用水路としても機能。

■ 事業の背景と経緯

2012年から運用されていた固定価格買取制度（FIT法）は抜本的な改定を受け、2017年より改正FIT法として新たな制度に移行した。改正FIT法では2017年度〜2019年度の期間、中小水力発電の買取価格が予め設定されているため、中小水力発電のようなリードタイムの長い再生可能エネルギーについては、事業計画が立てやすい仕組みとなっている。しかし、法的手続きの複雑さ、関係者との複雑な合意形成プロセスにより、中小水力発電事業の参入の壁はまだ高い。そこで、当発電所の計画を進めるにあたり、中津川市および地元関係者からの協力を仰いだ。

岐阜県は環境省による小水力賦存量調査で潜在的に賦存量、地点数が多い県の一つとされており、中でも県東南端に位置する中津川市は東に木曽山脈、中央に木曽川が流れる起伏の多い中山間の中核都市である。

候補地調査の結果、落合平石小水力発電所から東に約3kmの位置にある神坂霧ヶ原地区のかんがい用水路（霧ヶ原用水）に安定した流量の水があり、また大きな未利用落差があることが分かった。調査の結果を受けて、地元関係者との協議および流量調査を開始したが、中部電力基幹送電線の容量がなくなったことで系統接続が不可能となり、事業が一時中断した。その後、系統連系の緩和により、空き容量が生じたことで連系が可能となり、2019年4月に建設工事を開始することができた。

多岐に渡る法的規制と関係者協議

　当発電所にかかる法的規制は河川水（普通河川）の取水に係る許可のほか、国有林内での作業のための入林許可、伐採・土地形質変更の承認および許可申請、砂防指定地内行為許可、保安林内作業許可、水圧管路を敷設するための道路占用許可など多くの手続きが必要であったが、中津川市ほか、各関係機関の指導・支援により無事に手続きを進めることができた。

　協議を要する地元関係者は、霧ヶ原用水を利用する神坂霧ヶ原地区住民、水路を管理する霧ヶ原用水管理組合、市、神坂生産森林組合（2019年3月解散）などの用地の管理者および所有者、漁業権を持つ恵那漁業組合であった。協議の中で有用な情報提供や協力をいただくこともあり、順調に計画を進めることができた。

発電所周辺に植栽と歩道を整備することで、景観に配

・補修前（左）と補修後の取水口。
・発電所を建設したことでかんがい用水路の維持管理の負担が軽減。

計画・建設時の地区への配慮

　取水口および導水路の改修整備は、道幅が狭く車両や重機が入れないため、仮設モノレールで資材および機材の搬入を行った。また、かんがい用水は雑用水などの生活用水も兼ねているため、導水路の改修と沈砂池の工事中は、水替工で用水の供給を維持した。また、地区下流にある養殖場への影響を避けるため、水の濁りに注意するなど地区の水利用に影響が無いよう十分な配慮のもと工事を進めた。さらに地域森林計画区域内では2018年度（平成30年度）に補助金による間伐が予定され、実施後5年間は伐採不可となる。このため、工程を調整し間伐を行う前に事業エリアの伐採を完了させた。

高落差によるクロスフロー水車の採用

　当発電所は最大使用水量が 0.16㎥/s であるが有効落差は140.25m あり、この水量と落差の場合一般にペルトン水車を用いることが多い。先に運転を開始した落合平石発電所（有効落差64m）は維持管理の容易さと比較的低コストであることからクロスフロー水車を採用したが、製造元のチェコ CINK 社では欧州で 150m 前後の高落差で納入実績があることから、当発電所でも CINK 社のクロスフロー水車を採用した。国内ではこの高落差での適用例はあまりないと思われるが、運転開始から水車の不具合はなく（原稿記載時点で5ヶ月経過）順調に運転を続けており、今後の建設予定の発電所でも採用を検討している。

・チェコ CINK 社製クロスフロー型水車。
・年間発電量は 98 万 kWh を見込む。

地区住民を交えた維持管理に関する説明会

■ IoT技術の利用で地域連携を強化

遠隔地にある発電所運用時の維持管理において、発電所のモニタリングおよび地元住民との円滑なコミュニケーションは重要課題である。さらに、限られたリソースで事業を進めるために、発電所の建設時におけるリモート工事管理技術も課題となっている。これらの課題を解決するため、以下のIoT技術（Internet of Things の略。モノに通信機能を搭載してインターネットに接続・連携させる技術）を利用したシステムの構築・運用を進めている。

①発電所遠方監視システム

発電所の運転状況はインターネットを通じてモニタリング。異常発生時にはメールが管理者端末に自動配信されるので、速やかな対応が可能。

②Webカメラ・水位計による
常時リモートモニタリング

Webカメラによる取水口およびヘッドタンクのリアルタイム監視に加え、導水路に設置した水位計とあわせて運用することで、気候変動による天候リスク等の予測および低減が可能。

■ 2021年度2発電所が運転開始予定

現在、新たに長野県および山形県の2箇所で小水力発電所を建設中であり、来年度の運転開始を予定している。

改正FIT法では2020年度末までにさらなるFIT制度の抜本的見直しを行うことが規定されている。2020年以降の改正は1,000kW未満の中小水力発電に対し「地域活用要件」が求められる見込みである。当社は、神坂霧ヶ原および落合平石両発電所での調査、設計から建設、維持管理に至るすべてのプロセスの経験を活かすことで、温暖化対策および地域貢献に加え、新たな課題である「発電の地域活用」の解決を進めていきたい。

■ 運用時の維持管理は地域へ依頼

事業者である2社はともに中津川市内に活動拠点を持たないため、ごみ取りなど運転中の日常の維持管理業務を霧ヶ原用水管理組合に委託をした。また、水車・発電機、除塵機などの点検は、地元の電気工事会社と中部電気保安協会に委託した。

④ウェアラブルカメラを用いた工事管理
（写真は建設中の米沢大平小水力発電所）

③タブレット端末を用いたネットワーク連絡板

発電所建屋内に設置する連絡板で、リモートで掲示板に情報を記入できる。これにより日常点検・清掃を行なう地区住民とのコミュニケーションを円滑に進める。

④ウェアラブルカメラを用いた工事管理

小型カメラをヘルメットに装着することで、工事状況の遠隔地からの視認が可能となった。これにより、リモートでの指示や出来形管理がリアルタイムで可能となり、工事管理の負担軽減や問題点の早期解決に大きな効果が認められた。

概要	
発電所名	神坂霧ヶ原小水力発電所
河川	木曽川水系冷川
用水名	霧ヶ原用水
最大出力	170kW
最大流量	0.16m³/s
有効落差	140.25m
水車	横軸クロスフロー型
発電機	三相横軸誘導発電機
発電開始日	2020年4月
使用用途	FITによる全量売電

事例4 5 6 Case

静岡県富士宮市
「三峰川本門寺第一発電所」
「三峰川本門寺第二発電所」
長野県駒ケ根市
「新宮川発電所」

半世紀の実力と経験を生かして
三峰川電力の地域共生チャレンジ

三峰川電力株式会社　事業開発部

三峰川電力は、全国 21 ヶ所に水力発電所を設置・運営しており、現在も新規開発に取り組んでいる。三峰川電力が着実に開発を進めてきた背景には、半世紀以上にわたる水力発電所の運営で培った経験、固定概念に捉われないチャレンジ精神と実行力、そして最も大切にしている地域との共生があり、これらを主軸に様々な難題を乗り越え今日に至っている。

今回紹介する 2019 年 10 月に運転開始した静岡県富士宮市の普通河川北山用水（2 ヶ所）と長野県駒ケ根市の 1 級河川新宮川（1 ヶ所）より取水する計 3 発電所は、特に地域との協調・共生が重要となった事例である。（編集部）

日本有数の小水力発電のまち」での新規開発
〜三峰川本門寺第一・第二発電所〜

■ 富士の豊かな水資源を活用

静岡県富士宮市は富士山から湧き出る清らで豊かな水資源を有し、市内には 18 ヶ所（2020 年 9 月現在）の小水力発電所が運転され、日本有数の小水力発電所数を誇っている。古くから水力発電が身近な存在であったことから、自治体や地元関係者も小水力発電は景観を損なわず、環境負荷も少ないとの認識があり、小水力発電事業への理解・協力を得やすい環境にあった。

2016 年から本格的な調査・設計に着手し、2019 年に普通河川の北山用水にて、三峰川本門寺第一発電所（120kW）、三峰川本門寺第二発電所（140kW）の計 2 発電所の商業運転を開始した。

第一発電所　沈砂池兼水槽

第一・第二発電所同時計画の効率化

第二発電所　発電所建屋外観

両発電所の計画地点である北山用水は、流水が射流で流下する水路であったことから、跳水による取水機能低下を軽減させることが大きなテーマとなった。取水方法は、既存用水路内にえん堤を新設し横越流させる形式としたが、立地環境やコスト面から既存用水路の大幅な改修工事は行わず、一部拡幅や嵩上げにより、せき上げ背水の影響範囲を拡張し水路内の流速を低減させ、安定的に取水できるような構造とした。

また、両発電所ともに最大流量（1.3㎥/s、1.4㎥/s）、有効落差約10mと小水力の中では大流量・低落差に分類され、一般的な選定基準ではプロペラ水車となるが、弊社に蓄積したノウハウの活用および将来的な運転保守負担の低減が可能であったため、横軸フランシス水車を採用した。

両発電所は同一河川内での事業であり、設計コンセプトや機材選定、施工方針を均一化し、コスト削減や施工監理・運転保守負担を軽減するため、流量・落差等の立地条件が概ね合致する計画地点を厳選した。

第一発電所　新設えん堤（転倒ゲート）

地域に愛される発電所を目指して

北山用水は富士五山に数えられる北山本門寺の請願により徳川家康が開削を命じたという歴史的背景を持ち、現在でも灌漑用水や上水道水源として活用され、多くの地元住民に親しまれている用水である。下流域では更に細かい用水路へと分岐し、市内に広く水を供給しており、生活に欠かせない重要な役割を担っている。

静岡県富士宮市

左：2020年度カレンダー
右：ドイツビール

生活に関わる用水での事業計画にあたっては、発電所運転の発停による用水への悪影響がないよう細心の注意を払う必要があり、事業計画全体において管理者である富士宮市および北山用水運営協力委員会の意見を取り込んだ。

特に既存用水路内へ新設したえん堤は、設置後も下流地域への通水を維持するため、水位感知による自動転倒式ゲートを導入した。これにより万が一に発電所の突発的な発停が生じ、流量変動が起こった場合でも、一定水位に達した段階でゲートが自動的に転倒を開始し、えん堤付近での溢水を回避する仕組みとしている。また、取水状況やゲートの様子は遠隔監視カメラにより常時モニター監視できる体制も整えている。

なお、発電所の運転開始を迎える際には、管理者の富士宮市および北山用水運営協力委員会との3者にて、北山用水からの取水条件や緊急時対応などについての「運用協定書」を締結し、地域と共に運営していくことを取り決めている。

地域との共生にあたっては、富士宮市主催イベントへの展示出展や講師派遣を行い、地元住民の環境意識向上の一助となると共に、本発電事業への地元理解も深まるよう努めた。

また、全国で事業展開を行う弊社の強みを活かし、地元地域のPRにも貢献すべく、「①発電所所在地の観光名所や特産品の紹介カレンダーの作成・配布」、「②第二発電所最寄りのビール醸造所で作られたドイツビールを式典等での飲料提供」、「③地元文具店より富士山グッズをノベルティとして購入し、県外開催の展示会等で配布」等を実施した。

「提灯のいらぬ明るい村」での新規開発
～新宮川発電所～

■ 始まりは地元の復活要望

新宮川発電所の所在地である駒ヶ根市中沢（旧中沢村）は、1919年に県内公営水力の先駆けとなる水力発電所を建設し、村内全戸に電気を供給していたことから、「提灯のいらぬ明るい村」と言われていた。25年間黒字運転を続け、村財政に大きく貢献したが、1961年の豪雨災害（三六災害）の被害により取水設備・発電所が流出し、廃止となった。

以降、日本の発電方式も水主火従から火主水従への転換もあり、復活の兆しも無く一部の導水設備などが残置されたままとなっていたが、国内の再生可能エネルギー導入拡大の高まりから、地元自治体の再生可能エネルギー推進など地域でも復活を臨む声が挙がり、弊社への発電所再生の協力要請をいただいた。2008年から本格的な調査・設計に着手し、地元合意形成、利害関係者との協議調整、許認可取得を経て、2019年に新宮川発電所（195kW）の商業運転を開始した。

■ 既存改修から新設計画立案へ

発電所の計画にあたり、既存設備を再利用することも検討したが、40年以上も放置された設備は、損傷も著しく全線改修（撤去・新設）を要すること、工事車両のアクセスも悪く、高コストとなることが判明したため、別ルートにより新設する計画とした。

取水設備は、既設砂防堰堤にチロリアン式取水口を腹付けする形式とした。チロリアン式取水口の課題となる濁水の流入やバースクリーンへのゴミ堆積による目詰まりを回避できるよう、バースクリーンの長さ（縦断方向）、角度、目幅については、水理計算に加え、現地出水時の越流を観察し決定した。

水圧管路は県道へ約970m埋設としたが、施工にあたっては道路管理者との協議を重ね施工方法を計画し、且つ、地元住民への事前説明による意見聴取により、工事期間中も住民の方に支障を来たさないよう、安全対策を施した。

水車選定については、最大使用水量0.50㎥/s、有効落差47.20mにより一般的な選定基準を参考とし、当社で多くの採用実績のある横軸フランシス水車とした。

旧新宮川発電所　建屋跡地

旧新宮川発電所　導水路跡

新宮川発電所　水車発電機

■「明るい村」の再興でさらなる地域貢献を

　県道内への水圧管埋設工事を行うにあたっては、前述の通り、地元住民の理解を得た上で進めていたが、地元住民への負担となる通行規制(片側交互通行)を強いる期間を最短とするため、県道の河川横断部を境界に2箇所同時並行（2班体制）による掘削・水圧管埋設を実施することで、大幅な工期短縮を実現した。

　本発電所と地元地域共生の一助とするため、駒ケ根市主催イベントや地元自治区の祭事への協賛活動を継続すると共に、2020年度は発電所所在地の観光名所や特産品の紹介カレンダーを作成し、関係先へ配布した。また、「提灯のいらぬ明るい村」の再興に向け、地元自治区内に防犯灯の設置を行う予定である。

水圧管埋設工事

■小水力発電は地元に寄り添うエネルギー

　紹介した3発電所に関しては、地元自治体並びに地元関係団体、地元関係者の協力と理解が得られなければ事業を実現できなかった点が共通する。

　発電事業を進めるにあたっては、計画地の歴史等にも寄り添いつつ、地元地域にとっても最適な計画立案・事業を行うよう心掛けなければならない。

　小水力発電は、再生可能エネルギー分野の中でも地域活用電源として重要な役割を担っている。三峰川電力では、今後も地域との共生可能な電源である小水力発電事業を全国で積極的に取り組み、クリーンな電力の安定供給に貢献する考えである。

長野県駒ヶ根市

こまかっぱ

新宮川発電所
195kW

中央アルプス　千畳敷カール

「千畳敷カール」は高山植物の宝庫として知られています。標高2500mを超える高山帯の岩肌の真下に広がる千畳敷カール、ロープウェイを降りると、目の前に千畳敷カールが広がっています。四季折々ダイナミックに変化する雄大で美しい景色を求めて全国から多くの登山者、観光客が訪れます。下界では決して味わうことのできない感動のひとときは、決して忘れることなく、永く心に刻み込まれるでしょう。カメラスポットは思わず何枚もシャッターを切ってしまう場所です。フィルムは多めにご持参ください。

概要			
発電所名	三峰川本門寺第一発電所	三峰川本門寺第二発電所	新宮川発電所
水系	富士川	富士川	天竜川
河川（用水名）	北山用水	北山用水	新宮川
最大出力	120kW	140kW	195kW
最大使用水量	1.30m³/s	1.40m³/s	0.50m³/s
有効落差	11.19m	12.16m	47.20m
水車	横軸フランシス水車	横軸フランシス水車	横軸フランシス水車
発電機	三相誘導発電機	三相誘導発電機	三相誘導発電機
発電開始日	2019年10月1日	2019年10月1日	2019年10月1日
使用用途	FITによる全量売電	FITによる全量売電	FITによる全量売電

MIBUGAWA
Electric Power

三峰川電力（株）

小水力発電所開発
『サポートサービス』について

問い合わせ先
三峰川電力株式会社　事業開発部
TEL　：03-3282-7895
URL　：http://www.mibuden.com
E-mail：mibuden@inacatv.ne.jp

　三峰川電力ではこれまでの全国各地における小水力発電の開発の経験、ノウハウを活かした、「小水力発電所開発サポートサービス」を提案しております。

　小水力発電所開発は大きく分けて、企画・計画段階、資金調達・建設段階、保守・運営段階の３段階に分かれるが、本サービスは各段階に応じて、【①可能性調査コンサル】・【②EPCサポート】・【③フルサポート】と、迅速に事業具体化するための実践的なサポートをワンストップで提供するものです。

　【③フルサポート】では、三峰川電力（丸紅グループ）の資金え調達力、ファイナンス組成ノウハウを活かした、事業者への【ファイナンス組成サポートサービス】も提案しており、資金問題から事業化へのあと一歩を踏み出せなかった事業者をサポートする事によって、他再生可能エネルギーのように小水力発電におけるプレイヤーの増加、業界活性化へも寄与していきたい考えです。

サービスメニュー

フルサポート	・EPCサポート ・ファイナンス組成サポート ・O＆Mサービス（遠隔監視・各種点検）
EPCサポート	・可能性調査コンサル ・建設業者紹介 ・オーナーズエンジニアリング ・工事管理 ・試運転、完成検査
可能性調査コンサル	・机上検討 ・現場調査 ・可能性調査（測量・基本設計など）

三峰川電力㈱　事業開発部

サービスイメージ

小水力発電所開発プロジェクト　お客さま（事業者）

運転保守
・O＆Mサービス
（24時間監視・異常時連絡対応・各種定期点検）

企画・計画
・机上検討
・現地調査
・可能性調査コンサル

※EPCサポートおよびフルサポートサービスは可能性調査コンサルサービスをご用命頂いたお客さまに限りお受注します。

ファイナンス組成
建設・竣工
・ファイナンス組成サポート
・オーナーズエンジニアリング
・工事管理
・試運転、完成検査

※ファイナンス組成サポートはフルサポートサービスをご用命頂いたお客さまに限りお受け致します。ファイナンス契約先は各金融機関となります。
※建設業者との契約はお客さまご自身になり、各保証は建設業者によります。
※ファイナンス組成及び建設業者との契約を必ずしも保証するものではございません。

※O＆Mサービスはフルサポートサービスをご用命頂いたお客さまに限りお受け致します。
※遠隔監視装置は当社標準仕様の機器を使用し、ISPなど通信コストはお客さま負担となります。

三峰川電力がサポート

可能性調査コンサル　　EPCサポート　　フルサポート

スーパータフポリ
圧力用高密度ポリエチレンパイプ

小水力発電の幅広いニーズにお応えする
クボタケミックスのパイプライン

大口径サイズ拡大

品揃え

SDR	呼び径	最高使用圧力
11	20 ～ 450	1.6MPa
13.6	150 ～ 450	1.25MPa
17	75 ～ 1100	1.0MPa
21	250 ～ 1100	0.8MPa

※最高許容圧力は20℃の場合

信頼のJIS規格〔JIS K 6761（3種管）〕品*です。

* 呼び径20～300はJIS規格品です。（但しSDR21の呼び径250、300を除く）

特 長

生曲げ配管が可能で圧力損失も低減

主な仕様

有効落差	25.09 m
水圧管路長	210 m
最大使用水量	0.25 ㎥/s
最大発電力	39.6 kW

口径φ400

金属管に比べ軽量で、施工性も向上

口径φ300

スラスト防御軽減による工期短縮※

主な仕様

有効落差	50 m
水圧管路長	114.6 m
最大使用水量	0.08 ㎥/s
最大発電力	18.8 kW

口径φ200

※ベンド部、埋設時規定の長さ確保が前提

長尺管にも対応、接合費の低減が可能

9m管　口径φ500

優れた耐震性・長期耐久性・信頼性

信頼の接合強度。漏水の心配なし

引張試験

圧縮剥離試験

偏平試験

地盤沈下再現（50cm）

株式会社 クボタケミックス

東京本社　〒103-0007 東京都中央区日本橋浜町三丁目3番2号　TEL 03-5695-3274
https://www.kubota-chemix.co.jp

日本人技術者と機器でつくりあげた台湾水力発電の過去と現在

ハイドロ・エコロ技術士事務所　代表　金田剛一

金田氏は 2019 年 11 月、台日小水力発電技術交流コンファレンスなどに参加するため、台湾を訪問された。この時、烏山頭（うさんとう）ダム、八田與一（はったよいち）記念公園などを見学する機会を得た。「烏山頭ダム」は、嘉南平原の農地への灌漑を主目的に、日本人技術者の八田與一の計画により、1920 年に着工し、1930 年に完成した。ここでは、烏山頭ダム建設当時に導入され、現在保存されている小水力発電設備、および近年にリプレースされた小水力発電設備について紹介していただく。（編集部）

■ 1931 年に導入された小水力発電設備

　烏山頭ダムの建設に合わせ、1931 年頃に小水力発電設備がダムの放流施設に導入された。この発電設備は、周辺への電源供給という重要な役割を果たしてきたと思われるが、現在はこの役割を終え、当時のままの状態で保存されている。

　水車発電機器は、日立製作所の立軸フランシス水車と三相同期発電機で、発電出力は 50kW である。据付は 2 床式で、地上 1 階に発電機や機械式調速機が設置され、地下 1 階には水車が設置されている。建設当初は、放流施設の状況から判断して、複数台（3~4 台程度）設置されていたと思われるが、現在保存されているのは 1 台だけとなっている。

　烏山頭ダムの建設に伴い、当時この落差と流量の水力エネルギーを有効に活用しようとした八田與一の取り組みには、本当に頭の下がる思いである。

上左：機械式調速機　上右：同期発電機
下：フランシス水車

■ よみがえった「八田水力発電所」

　小水力発電設備の更新工事は、2014 年 3 月着工され、2016 年 9 月に「八田水力発電所」として完成した。八田水力発電所は、既設の放流施設はそのまま残す形で、放流施設の約 100 m 下流の右岸側に建設された。また水圧管は、既設放水設備の放水管を延長する形で設置された。

　水車発電機器は欧州製で、ANDRITZ HYDRO 社の立軸軸流水車と、INDOR 社の三相同期発電機で、発電出力は約 2,100kW である。発生した電力は屋外に設置された主変圧器で 22kV に昇圧され、近傍の系統に連系されている。

三相同期発電機

発電所側から既設放流施設を見た写真。
左側の放水口から水圧管が延びている。

　この水車の形式は、日本ではほとんど導入されていないもので、ちょうどS形チューブラ水車を立てたような形状である。欧州のメーカーではZ形カプラン水車と称しているメーカーもある。この水車の利点は、平面スペースを小さく出来る点である。水車のガイドベーンとランナーベーンは可動式で、ダムの水位変動、流量変動に対して効率の最適化が図られている。

　また、発電機については、この容量規模でありながらコイルや軸受けの冷却に水冷方式を採用しているのが特徴的である。日本国内では、「3レス」(※)のひとつの「水レス」という「新技術ありき」の風潮により、今となってはほとんど採用されない方式である。これらの特徴的な水車と発電機の構成により、非常にコンパクトで完成度の高い設備となっている。

(※)「3レス」とは：水レス(水冷⇒空冷)、油レス(油圧⇒電動)、ブラシレス(ブラシ有の励磁⇒ブラシレスAC-EX)。

水車発電機の断面図

八田水力發電廠水輪發電機剖面圖

水車	形式	立軸軸流水車 (カプラン水車)
	流量	9.2 m³/s
	最大有効落差	26.2 m
	最大出力	2,193 kW
発電機	形式	三相同期発電機
	定格電圧	6,600V
	定格容量	2,440 kVA

■ 欧州に追いやられた 日本製品の課題

　今回、この八田水力発電所を見学して、少し残念に思ったことがある。それは、約90年前に八田與一によって導入された日本製の水車発電機器が、欧州製に置き代わってしまったことである。これは現状では仕方がない事かもしれない。この規模の低落差領域の水車において、日本の水車メーカーでは欧州勢にまったく太刀打ちできないからである。なぜ、日本の小水力発電機器は、世界の競争市場から取り残されてしまったのか？これは、日本の小水力の抱える大きな課題でもある。

既設放流施設から発電所を見た写真。
手前右側に水圧管路の露出部分が見える。

古きを訪ね
新しきを
知る

長野県安曇野市
「宮城(みやしろ)第一発電所」

現役最古の水車発電機が動く水力発電所を訪ねて

水のちから出版・編集部

長野県中信地方の松本盆地の北部に安曇野がある。わさび栽培（黒澤明監督の「夢」のロケ地）やリンゴ栽培など農業が盛んな地域だ。農地越しに、富士山を想わせる有明山（標高2,268m）がきれいな山容を見せてくれる。中部電力・宮城（みやしろ）第一発電所は、有明山の麓、中房川から取水して水圧管路に導いて発電する「流れ込み式発電所」で、現役で稼働している日本最古の水車発電機がある。本誌編集部が報告する。（編集部）

■ ドイツから安曇野への長旅

日本初の水力発電所は明治21年（1888）7月1日、宮城県「三居沢発電所」で運転開始された。その後、全国各地に水力発電所が稼働し、宮城第一発電所は明治37年（1904）9月14日に発電を開始した。発電所は地元有志が起こした、安曇電気株式会社によって建設され、未開拓地であった当地に電気供給を始めた。

1号機の水車と発電機はドイツから輸入され、横浜港に陸揚げされた後、はるばる汽車で篠ノ井線の明科駅まで、犀川や穂高川を船で、そして最後は牛馬車で現地まで運ばれた。

宮城第一発電所
（建屋の後に水圧管が見える）

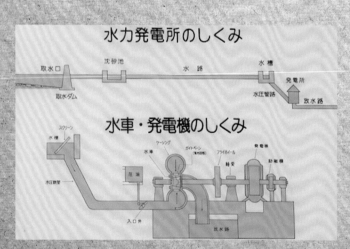

水力発電所のしくみ

取水口　沈砂地　水路　水槽
取水ダム　　　　　　　発電所
　　　　　　　水圧管路　放水路

水車・発電機のしくみ

スクリーン　　ケーシング　水車　ガイドベーン　フライホイール　発電機　励磁機
水車　　　　　　　　　　　　　　軸受　　　　　　　調速機
水圧鉄管　　　制御盤
入口弁　　　　　　　　放水路

発電所に掲げられた発電のしくみの案内板

水車はJ.M.VOITH（フォイト）社製、発電機はSIEMENS（シーメンス）社製である（両社とも、現在も有名会社）。水車は横軸フランシス水車、発電機は横軸三相交流同期発電機だ。最大流量：0.7㎥/s、有効落差：51.8mで、発電出力：250kW、周波数は50Hzである。当時、ドイツ製とアメリカ製の発電機が輸入されていて、ドイツ製は50Hz、アメリカ製は60Hzだった。送電の電圧は、当時中部地方初の11,000Vで、電灯用だけでなく電気炉を使用する工業用動力としても利用された。

発電を開始してから110年以上、一般に水車発電機の寿命が60年といわれる中で現在もなお現役で活躍している。水に混じった砂によって水車本体は削られるが、細かな部品は交換しつつ、大切にメンテナンスしているためだ。昨今の製品の部品保管期限が10年程度で、買い換えを余儀なくされるのとは大きな違いだ。

大正3年（1928）には、2号機としてJ.M.VOITH社製水車、SIEMENS社製発電機（280kVA）が増設された。

当時の運搬状況（写真提供：中部電力株式会社）

■ 山深き地の誇り

有明神社から宮城第一発電所に向かう途中に、宮城第一発電所80周年記念の碑がある（右）。水力発電に寄せる思いのこもった言葉だ。

最後に、建設当時の運搬の写真を見ると、困難な状況が伝わってくる一方で、地域社会の電気への渇望も感じられる。いつでもどこでも好きなだけ電気や電気製品が利用できる現代にあって、水車発電機の製造技術の高さと、計画から発電所建設までに携わった人々に対してただ敬服するばかりだ。

なお、本発電所は1991年度産業考古学会の推薦産業遺産に、2007年に経済産業省の近代化産業遺産に認定された。また、2016年には、米国の水力専門誌・ペンウェル社が主催する「水力発電の殿堂」に、日本で初めて選ばれたことを付け加えておこう。時期や機会が許せば、是非安曇野の地を訪れて頂きたい。

安曇野の電力発祥の地

頌

有明山の麓なる宮城第一発電所
水車ならびに発電機ドイツ国より渡来して
このよき里に座を占める秀でし匠を友として
八十年の風雪を耐え抜きてただたゆみなく発電し
なお壮年の風情にて本邦最古を誇りとす
この比類なきいさおしは称嘆するに余りあり
機械に心ありぬべし愛機に寄りて労をねぎらう
思い出は尽きず願う言葉ただ一つ
愛機に永遠の幸を

中房谷OB会長　村澤龍二（中部電力株式会社）

左：1号機（手前から、水車、フライホイール、発電機）　　右：2号機（手前に発電機。右奥に1号機の発電機）

概要	
発電所名	宮城第一発電所1号機
河川	信濃川水系中房川
最大出力	250kW
最大流量	0.7m³/s
有効落差	51.8m
水車	横軸フランシス水車
発電機	横軸三相交流同期発電機
発電開始日	明治37年（1904）9月14日

「小水力について基礎から知りたい」という方から、「小水力についてもっと詳しく」という方、そして「小水力を本格的に手がけたい」という方にまで、役立つ情報の提供や相談の窓口となる書籍やサイトを紹介します。ぜひ、ご活用ください。

BOOK：本を開いてじっくり学ぼう！

小林 久 編

再エネで地域社会をデザインする

出版元：京都大学学術出版会 / A5 上製・320 頁 /
ISBN: 9784814002689 / 発行年月：2020 年 3 月
価格：3,500 円（税込 3,850 円）

　かつて農山村は、食料、木材、燃料の供給地だった。それが今では物資やサービスを域外から購入する不均衡に陥り、「地域消滅」が叫ばれるほどに疲弊している。

　大規模・集中エネルギーシステムの見直しが迫られる今、地域内で発電可能な再エネによって富をとどめ、人を呼び込む取り組みが注目されている。小水力発電、太陽光、バイオマス……全国の知恵を集めた本書に地方再生の戦略が詰まっている。

【著者一覧】小林　久／茨城大学名誉教授、鈴木　耕太／株式会社 Forchile Construction Management 事業部、中山　琢夫／京都大学大学院経済学研究科再生可能エネルギー経済学講座（産学共同講座）特定講師、奈良　泰史／都留市郷土研究会会長, 元気な地域コミュニティ研究会代表、西脇　友子／元健康科学大学教授、原　弘幸／自治体職員、本田　恭子／岡山大学大学院環境生命科学研究科准教授

中島 大 著

小水力発電が地域を救う
－日本を明るくする広大なフロンティアー
東京経済新報社（2018 年 1 月発行）¥1,400 ＋税

　小水力発電をめぐり、技術的な解説のみならず、歴史をふまえ、日本の地域においてどのような将来が描けるのか、こうした点まで考察した書籍。小水力を広い視野に立って学び、考えるための優れた入門書である。

　小水力を中心とした多様な地域が多様な人によって活性化する、ということが、均質化したグローバル社会においては強靭さをもたらすのではないか、というのが著者の考えだ。小水力初心者だけではなくベテランにもぜひ読んでいただきたい本。

竹村 公太郎　著

水力発電が日本を救うーふくしまチャレンジ編ー
東京経済新報社（2018 年 8 月発行）¥1,400 ＋税

　2016 年に刊行された「水力発電が日本を救う」の実践編ともいうべき著作。福島を舞台に、新規大型ダムを建設しなくても、既存ダムの潜在能力を発揮させることで、水力発電量を 2 ～ 3 倍にできるという。原発事故があった福島県において、安定した再生可能エネルギーの開発を進め、地元経済の活性化と 100 年後の豊かな日本を構築するためのプロジェクトが紹介される。

兼瀬哲治　著

農村の第四革命―阿蘇南麓からの提案―

熊本日日新聞社（2019年4月発行）¥1,000＋税

　中山間地の農村が消滅か復活かの瀬戸際にある中、「地租改正」「農地解放」「減反政策」に次ぐ大革命が動き始めている。今まさに革命的変貌のただ中にある農村。かつて村長として清和文楽を軸に地域づくりに努め、現在は小水力発電など新エネルギーによる地域活性化を進める著者が、消滅への道を回避し、発展を遂げる道を提案する渾身の書き下ろし。

 # お役立ちサイト ～リンクにアクセスして調べよう！～

資源エネルギー庁
なっとく再生可能エネルギー

再生可能エネルギーに関する基本的な知識や情報から、これを推進するしくみである固定価格買取制度などの政策までがわかるページ。政府からのニュースリリースも随時アップされている。

`URL` https://www.enecho.meti.go.jp/
category/saving_and_new/saiene/

microhydropower.net
Microhydro web portal

世界中の小水力の専門家をつなぐポータルサイト。先進国から途上国まで、さまざまな国・地域の小水力発電の政策動向や技術開発を紹介。広い視野で小水力を見るためにも役立つ。

`URL` http://www.microhydropower.net/

電力土木技術協会
水力発電所データベース

電気事業用のすべての水力発電所と1,000kW以上の自家用水力発電所が収録されたデータベース。地方別でも事業者別でも検索が可能となっている。非会員でも利用可能。

`URL` http://www.jepoc.or.jp/hydro/

川の名前を調べる地図

川の名前や流路を簡単に調べることができるサイト。散歩の途中で見かけた川がわかるというコンセプトだが、国土地理院のデータをもとにしており、山間部の川も手軽に調べられる。

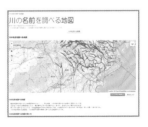

`URL` https://river.longseller.org/

地質情報ポータルサイト

地質情報の取得や管理や調査書の電子納品などに活用できる情報、アプリケーションなどにアクセスできる便利なサイト。「日本の奇岩百景」など見て楽しめる情報も収録。

URL https://www.web-gis.jp/

中小水力発電事業4団体勉強会

全国小水力利用推進協議会は再エネである水力発電のさらなる発展に向け、公営電気事業経営者会議、大口自家発電施設者懇話会水力発電委員会、水力発電事業懇話会と連携しています。

URL http://suiryoku4.com/

産業技術総合研究所
地質図 Navi

産総研地質調査総合センターから配信される地質図データと、活断層や第四紀火山などの地質情報を様々な地質図と合わせて表示することが可能な地質情報閲覧システム。

URL https://gbank.gsj.jp/geonavi/#top

全国小水力利用推進協議会
J-water

本誌編纂をしている全国小水力利用推進協議会のホームページ。小水力発電の規模やしくみ、特徴などから、導入事例やデータベースなどの情報を提供。お問い合わせも。

URL http://j-water.org/about/index.html

全国小水力利用推進協議会
J-water 内
小水力発電データベース

全国の小水力発電所約550ヶ所を地点情報、水車形式や発電機形式などの技術諸元、FIT の認定の有無や用途を掲載して網羅したデータベース。誰でも自由に検索・閲覧できる。

URL http://j-water.org/db_form/

全国小水力利用推進協議会
全国小水力発電大会

全国小水力発電大会の案内ページ。2020年11月富山市での開催予定を延期し、2021年10月28日～30日に富山市で開催予定。

URL http://j-water.org/taikai/
index.html

「全国小水力利用推進協議会」の団体正会員一覧

「全国小水力利用推進協議会」では、下記の団体正会員をはじめとした多くの会員様からの支援を得て、小水力発電所の利用推進を進めています。（2020年8月現在）

1. 発電事業者、発電事業者団体

株式会社アルプス発電
九州発電株式会社
株式会社工営エナジー
ＪＮＣ株式会社
シン・エナジー株式会社
中国小水力発電協会
東吉野水力発電株式会社
三峰川電力株式会社
株式会社未来電力
明正土地改良区

2. 総合開発事業者

エナジーシステム 株式会社
株式会社 グリーン電力エンジニアリング
NPO法人自然エネルギー・環境協会
大成ロテック株式会社
ときまたぎホールディングス 株式会社
飛島建設 株式会社
那須グリーンパワー合同会社
日本水力開発株式会社
株式会社フジタ

3. コンサルタント

アジア航測株式会社
株式会社有明測量開発社
株式会社エックス都市研究所
株式会社ＮＴＴファシリティーズエンジニアリング
株式会社遠藤設計事務所
株式会社環境と開発
株式会社技術開発コンサルタント
九州工営株式会社
株式会社協和コンサルタンツ
熊本県小水力利用推進協議会
株式会社三義
株式会社秀建コンサルタント
一般社団法人小水力開発支援協会
株式会社新日本コンサルタント
株式会社水力開発コンサルタント
株式会社長大

株式会社東洋設計
都市開発設計株式会社
株式会社日豊測量設計
株式会社日本インシーク
日本エヌ・ユー・エス株式会社
株式会社ニュージェック
八千代エンジニヤリング株式会社

4. 水力発電メーカー、サプライヤー

芦野工業株式会社
アンドリッツ株式会社
イームル工業株式会社
株式会社イズミ
ＮＴＮ株式会社
荏原商事株式会社
株式会社柿本商会
桑原電工株式会社
株式会社シーイーエム
ＪＡＧシーベル株式会社
篠田株式会社
シンフォニアテクノロジー株式会社
株式会社セントラル・ニューテクノロジー
田中水力株式会社
ＷＷＳ−ＪＡＰＡＮ株式会社
ＴＨＫ株式会社
東芝プラントシステム株式会社
東洋電機製造株式会社
株式会社中川水力
日本小水力発電株式会社
株式会社日立産機システム
株式会社フソウハイドロパワーソリューションズ
富士電機株式会社
株式会社北陸精機
株式会社三井三池製作所
株式会社明電舎
八洲電機株式会社

5. 関連資機材メーカー、サプライヤー

株式会社赤井精工
株式会社イノアック住環境
株式会社大原鉄工所
株式会社クボタケミックス

株式会社栗本鐵工所
クリモトポリマー株式会社
株式会社ケネック
株式会社広洋技研
株式会社三英社製作所
須藤工業株式会社
積水化学工業株式会社
株式会社センシズ
大同工機株式会社
ダイプラ株式会社
株式会社田中機械工業所
日本エンヂニヤ株式会社
日本ポリエチレンパイプシステム協会
前澤工業株式会社
三井金属エンジニアリング株式会社
株式会社モッチ技研
株式会社ヤマウラ

6. 施工業者

愛知時計電機株式会社
昱株式会社
株式会社イデアテクノロジー
株式会社奥村組
株式会社熊谷組
国土開発工業株式会社
西南電気株式会社
能代電設工業株式会社
若築建設株式会社

7. その他水力発電関係業務

オリックス株式会社
鹿児島県小水力利用推進協議会
全日本自治団体労働組合
栃木県小水力利用推進協議会
福岡県小水力利用推進協議会
三井住友ファイナンス＆リース株式会社
みらいエネルギー・パートナーズ株式会社
山形県小水力利用推進協議会

（分野別50音順）

「全国小水力利用推進協議会」と地域団体について

　「全国小水力利用推進協議会」は全国各地の26の地域団体と連携しています。各地域団体ではそれぞれの自治体への働きかけ、講演会や小水力発電所の見学会の開催など、小水力発電の発展のために様々な活動をしています。事務局は、NPO、市町村、企業、大学など多様です。身近な地域での活動に興味をお持ちの方は、各地域団体へご連絡をお願いします。

　全国小水力発電大会の地方開催時には、ご当地の地域団体が中心となって開催しています。次回大会は富山市で、「富山県小水力利用推進協議会」メンバーが中心となって開催します。ぜひ2021年10月開催予定の富山大会を楽しみにしていてください。

団体名	所在地	電話番号
北海道地方		
一般社団法人 北海道再生可能エネルギー振興機構	〒060-0807　北海道札幌市北区北七条西5丁目6−1 ストークマンション札幌205号室	011-223-2062
富良野地域小水力発電普及協議会	〒076-8555　北海道富良野市弥生町1−1 富良野市市民生活部環境課　内	0167-39-2308
東北地方		
北東北小水力利用推進協議会	〒018-5421　秋田県鹿角市十和田大湯字下ノ湯7−1 株式会社西村林業　内	0186-37-3091
山形県小水力利用推進協議会	〒996-0025　山形県新庄市若葉町1−39−B もがみ自然エネルギー株式会社内	―
NPO法人 会津みしま自然エネルギー研究会	〒969-7516　福島県大沼郡三島町大字大登字寺沢1051−2	―
関東地方		
栃木県小水力利用推進協議会	〒325-0054　栃木県那須塩原市新朝日5−35 NPO法人那須地域地球温暖化対策協議会　内	0287-62-0768
ぐんま水力発電推進協議会	〒370-3531　群馬県高崎市足門町693−1 有限会社石井設備サービス　内	027-372-2839
中部地方		
新潟県小水力利用推進協議会	〒950-0965　新潟県新潟市中央区新光町10−2　技術士センタービルⅠ NPO法人美しい緑、水辺、大地を考えるフォーラム内	025-281-1911
富山県小水力利用推進協議会	〒930-0857　富山県富山市奥田新町1−23 株式会社新日本コンサルタント　内	076-464-6520
福井小水力利用推進協議会	〒915-0228　福井県越前市大平町2−4−89 福井小水力利用推進協議会事務局　増田	090-1394-9964 info@f-water.org https://f-water.org/
山梨県小水力利用推進協議会	〒409-3841　山梨県中央市布施2308 株式会社セントラル・ニューテクノロジー内	055-267-8160
長野県小水力利用推進協議会	〒381-2204　長野県長野市真島町真島792−1	026-217-8288
岐阜県小水力利用推進協議会	〒509-7123　岐阜県恵那市三郷町野井133−32 NPO法人地域再生機構　内	―
NPO法人　アースライフネットワーク (静岡県地球温暖化防止活動推進センター)	〒420-0851　静岡県静岡市葵区黒金町12−5　丸伸ビル2F	054-271-8806
関西地方		
なばり自然エネルギー推進協議会	〒518-0747　三重県名張市梅が丘北2−162	0595-64-4453
関西広域小水力利用推進協議会	〒600-8127　京都府京都市下京区梅湊町83−1 京都市市民活動総合センター2F メールボックスNo.31	080-7051-5830 info@kansai-water.net http://kansai-water.net/
吉野小水力利用推進協議会	〒631-0004　奈良県奈良市登美ヶ丘4−4−16(宮本方)	090-6666-6153 https://yoshinohepg. jimdofree.com/
東吉野村小水力利用推進協議会	〒633-2433　奈良県吉野郡東吉野村三尾596番地(上田方)	office@east-yoshino.com http://east-yoshino.com/

団体名		所在地	電話番号
中国地方			
一般社団法人 岡山県小水力利用推進協議会	〒700-0807	岡山県岡山市北区南方1−6−7 NPO法人おかやまエネルギーの未来を考える会　内	050-6865-6732
中国小水力発電協会	〒730-0051	広島県広島市中区大手町4−7−3 JA広島中央会　内	082-243-6754
四国地方			
一般社団法人　徳島地域エネルギー （徳島小水力利用推進協議会）	〒770-0935	徳島県徳島市伊月町1−32 徳島県土地改良会館5F	088-624-8375
愛媛県自然エネルギー利用推進協議会	〒791-3142	愛媛県伊予郡松前町上高柳508−8 キカイ・ジャパン合同会社　内	089-908-4363 （キカイ・ジャパン）
一般社団法人小水力協議会 （高知小水力利用推進協議会）	〒782-0003	高知県香美市土佐山田町宮ノ口185 高知工科大学地域連携棟302	―
九州地方			
福岡県小水力利用推進協議会	〒838-0023	福岡県朝倉市三奈木2185−1 株式会社パソコンタイム　内	0946-21-7007
熊本県小水力利用推進協議会	〒862-0912	熊本県熊本市東区錦ヶ丘31−14 別棟2F NPO法人くまもと温暖化対策センター　内	096-273-9034
鹿児島県小水力利用推進協議会	〒890-0064	鹿児島県鹿児島市鴨池新町6−6	099-256-2666

小水力発電事例集・バックナンバー

「小水力発電事例集 2013 ～ 2018」については、info@j-water.org までお問い合わせください。

2013 FIT 開始後に新設した発電所～取水タイプ別に見る小水力のトレンド

- 事例1＜新曽木発電所＞ 旧発電所設備を利用し学習型施設として建設
- 事例2＜庄川合口発電所＞ 土地改良施設への電力安定供給をめざして
- 事例3＜熊本県小水力発電モデル事業＞ 導入マニュアル作成で普及啓発にも弾みを
- 事例4＜北杜市村山六ヶ村堰ウォーターファームプロジェクト＞ 官民パートナーシップでの共同開発を推進
- 小水力発電アイデアコンテスト報告 ～ 2012 年度 高専の学生による創作チャレンジ～
  地域の"ものづくり"に担い手を
- 鹿児島県小水力利用推進協議会 鹿児島県小水力利用推進協議会の「いま」
- 奈良県吉野町小水力利用推進協議会 小水力発電で地域活性化
- 北海道富良野地域小水力発電普及協議会 エネルギーの"地産地消"前進のために
- 岐阜県小水力利用推進協議会 小水力発電導入を通じた地域自治再生を目指して ほか

2014 河川法改正により今後注目される開発ポイント ～農業用水、ダム利用、水道水利用、改修

- 事例1＜船間発電所＞ 傾斜角や落差の大きい現場でも災害に強い小水力発電を
- 事例2＜賀祥発電所＞ 中国地方の小水力開発、再び
- 事例3＜星野温泉自家発電所、第2発電所＞ 小水力 100 周年の歴史に新たな一歩
- 事例4＜蓼科第二発電所＞ 地元に根ざした環境にやさしい再生可能エネルギーの創出
- 事例5＜栃木県寺山ダムにおけるダム ESCO 事業＞ 官民連携スキームによる水力発電事業を実現
- 事例6＜下小原発電所＞ 地域の資源を地域に活かすマイクロ水力発電による売電
- 事例7＜家中川田原発電所＞ 洪水時の危険回避や除塵にすぐれた開放型下掛け水車
- 事例8＜宇奈月谷小水力発電所＞ 電気バスの動力源となる小水力発電
- 岐阜県小水力利用推進協議会 100 戸の集落で農協を新設し、小水力発電所建設へ～岐阜県・石徹白地区の挑戦 ほか

2015 特別リポート 再エネ開発の最前線 再生可能エネルギー開発は協働型へ、そして地域主導型へ

- 事例1＜開成町あじさい公園発電所＞ 再エネ普及促進と技術革新の一助に
- 事例2＜徳島堰3連水力発電所＞ 独自設計の3連水車が稼働する歴史ある用水路
- 事例3＜土湯温泉町東鴉川水力発電所＞ 土湯温泉町の復興再生と砂防堰堤を利用した小水力発電事業
- 事例4＜四時ダム発電所＞ 東北初のダム ESCO 事業
- 事例5＜円筒形ケーシングのフランシス水車＞ 省スペース性に優れた円筒形ケーシングの採用
- 事例6＜リクッド小水力発電所運転員工場研修＞ フィリピン共和国に技術支援、普及促進への後押しに
- 奥羽山系仙北平野水資源利用調査研究会 産官学民による水資源利用調査の研究会を設立
  ～思いを共有する小水力発電運用の実現を
- 富山県小水力利用推進協議会 住民主体による小水力発電で地域の重要建築物を守る
  ～小瀬小水力発電所がもたらすもの ほか

2016 海外リポート オーストリアの電力システムと村の小さな発電所

- 事例1＜石徹白番場清流発電所＞ 地域未来をつくる全戸出資という発電所づくり
- 事例2＜白滝発電所＞ 5 年ぶりの水力発電所再開
- 事例3＜高井発電所＞ 酸性河川の克服と既設砂防堰堤を利用した小水力発電所
- 事例4＜プリンスエナジーエコファーム軽井沢水力発電所＞ 保有資産を生かして育てる新たなビジネスモデル
- 事例5＜早月川沿岸第一発電所＞ 農業水利施設とともに開発される小水力発電
- 事例6＜落合平石小水力発電所＞ 農業用水路を活用し地元地区・自治体と一体で計画・建設・管理
- 事例7＜佐那河内村新府能発電所＞ 棚田の村の発電所復活プロジェクト
- 福島県 /NPO 法人 会津みしま自然エネルギー研究会 身の丈にあった活動から始める自然エネルギー利用
- 岐阜県 / 奥飛騨温泉郷小水力推進研究会 地域貢献型小水力開発を目指しての取り組み
- 熊本県 / 熊本県小水力利用推進協議会 開発に立ちはだかる送電線空き容量の問題 ほか

2017 特集　自然エネルギーの導入拡大に向けた柔軟な系統接続運用

- **Voice** 開発の現場から【秋田県仙北市】地域の視点に立った系統連系システムの早期整備を
  【熊本県】希望から落胆、そして新たな希望へ
- 事例1 ＜西目発電所＞ 地元農家とともに歩む鳥海山の麓の発電所更新工事
- 事例2 ＜最上川中流小水力南舘発電所＞ ESCO事業で生まれ変わる山形の土地改良区の発電所
- 事例3 ＜小瀬谷発電所＞ 歴史ある地域を保全する有志出資の小水力発電所建設
- 事例4 ＜高遠発電所（高遠さくら発電所）／奥裾花第2発電所（水芭蕉発電所）＞
  水力発電所が結ぶ地方と大都市　自治体間が連携した全国初の試み
- 事例5 ＜春富水力発電所＞ 電気から土木まで、工種統合した設計施工一括発注の可能性
- 事例6 ＜つくばね発電所＞ 奈良県の林業の里で実現した発電所跡の復活プロジェクト
- 新潟県／新潟県小水力推進利用協議会 小さい落差で事業化できる新潟モデルの開発を目指して
- 鹿児島県日置市／ひおき小水力発電推進協議会 地元の熱意が乗り超える小落差、少流量の壁 ほか

2018 特集　小水力開発から見た系統の運用・管理の望ましい姿

- 事例1 ＜大間々用水神梅発電所＞ 小水力を起点とした信頼の輪　地域農業振興の旗振り役に
- 事例2 ＜永吉川水力発電所「水永吉君」＞ 経験ゼロ、新規事業主体で挑む小さな水力発電の役割
- 事例3 ＜赤城大沼用水発電所＞ 土地改良区運営改善に向けて農業用水に発電所を設置
- 事例4 ＜陣内森林公園小水力発電所＞ 技術プレゼンによる発電所第1号　農業用水×エンジニアリング
- 事例5 ＜蓼科第三発電所／蓼科第四発電所＞ 長野県茅野市における小水力発電事業の展開について
- 事例6 ＜徳之島ダム発電所／五ケ山ダム発電所／油木発電所／滝発電所＞
  多様な発電所の新規建設と更新　循環型・脱炭素社会実現への貢献
- 事例7 ＜夏狩水力発電所＞ 夏狩水力発電所建設と資金調達を考える
- 2017年度　石川県白山市鶴来地域　第7回小水力発電アイデアコンテスト報告
- 高知県／一般社団法人小水力協議会 任意団体から法人化を機にさらなる活動拡大へ
- 小水力発電所へ行こう！ 百村第一・第二発電所とウォーターパーク ほか

「小水力発電事例集2019」は、通販サイトBASEにて購入が可能です。https://mizuryoku.thebase.in/

2019 寄稿「再生可能エネルギーを地域の持続可能な自立のために活用する」

- 特集1 地域の再生可能エネルギー普及を目指して
- 特集2 自然の恵みをエネルギーに「小水力発電所を活用した活力ある地域創生に向けて」
- 特集3 小水力発電と共に60年 〜織田さんに、ようやくいい時代になったと報告したい〜
  「巨人が開いた小水力発電の歩みと私」
- 特集4 さいたま市の水道施設における小水力発電について
- 特集5 地方コンサルタントにおける海外水力開発
- 事例1 ＜八幡沢発電所＞ 土地改良区運営負担軽減に寄与「国産らせん水車、一関市で発電開始」
- 事例2 ＜水の戸沢小水力発電所＞
  小さな建設会社による大きな挑戦
  「檜原村にオーストリアから水車がやってきた！」
- 事例3 ＜駒ヶ根高原水力発電所＞
  創業100年を迎え、民間企業単独による
  発電プロジェクトを駒ヶ根で実現
- 小水力発電所に行こう！ 三峰川本門寺第一・第二発電所 ほか

発行日：2019年11月15日
発　行：水のちから出版
ISBN 978-4-9911079-0-0
定価：本体800円＋税

編集後記

　「小水力発電事例集 2020」、いかがでしたでしょうか。小水力発電に関する必要な情報を中心に盛り込んできたこれまでの編集から、より広い読者層をイメージして誌面構成や内容を変更しました。忌憚のないご意見ご要望をお待ちしています。

　2020 年になり、世界中が大変な困難に直面しています。外出時の不安、経済的不安、解決策が見えない不安などが長期化の中で心身を疲弊させています。

　一方で、直接会うこと、話をすることが困難な今日、ネットでの Web 会議やメールなどこれまでどちらかというと冷たい印象の交流手段が、なんだか暖かみのある、貴重な存在に変わってきているのを感じています。また、直接現地訪問は難しくなっていますが、会議参加のための移動時間の削減、衛生意識の向上などプラス面もあります。

　この新しい環境に慣れ、よりよいコミュニケーション（Web 会議等での発言の仕方やルールなど）を少しずつでも見いだせれば、なにか楽しいことが起きる予感がします。

　今年も 7 月に、特に熊本県内で豪雨による被害が発生しました。日降雨量 200mm 以上の年間日数は、年で変動しつつも長期的には増加しています。小水力発電は、豪雨時、災害時やその直後における電源としての活用は困難ですが、地域における貴重な分散型電源として長期間にわたって活躍してくれる存在です。知恵を出し合って、全国各地で育て活用し、存続、開発していきたいものです。

　最後に、「水のちから出版」では、皆さんからの寄稿をお待ちしています。まずは、お気軽にご一報ください！よろしくお願いいたします。（事例集編集担当理事　後藤眞宏）

小水力発電事例集 2020

発行日：2020 年 11 月 20 日
発　行：水のちから出版
編　纂：全国小水力利用推進協議会
　　　　http://j-water.org/
　　　　E-mail info@j-water.org
　　　　〒 170-0002 東京都豊島区巣鴨 2-11-4
　　　　　　　　　第三高橋ビル 8 階
　　　　TEL：03-5980-7880
　　　　FAX：03-5980-7065

印刷・製本：株式会社イニュニック
デザイン：荒木直子

●落丁・乱丁本はお取替えいたします
●本書の全体または一部の無断複写・複製を禁じます
●定価は裏表紙に表示してあります
ISBN 978-4-9911079-1-7

水のちから出版
MIZUNOCHIKARA SHUPPAN

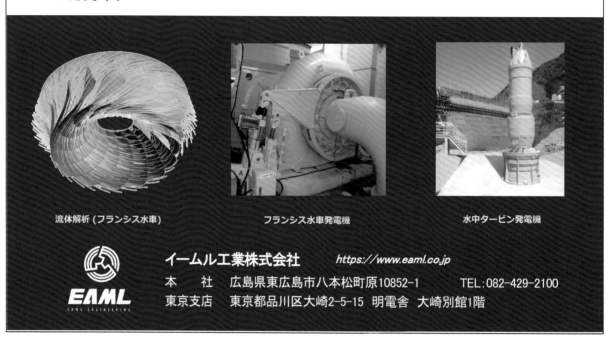

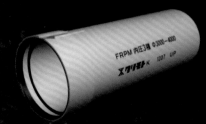

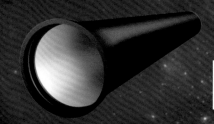

創業大正9年
100th

小水力発電用 除塵機

小水力発電では「塵芥の除去」がとても重要な課題

─ 特 長 ─

◆ 「24時間自動運転」で落葉などの塵芥流入をシャットアウト
面倒なゴミ取り作業を軽減、安定した発電運用を可能にします。

◆ スクリーンに付着した塵芥を「きれいに除去」
スクリーンは微細目から粗目まで各種ラインナップしております。

◆ 設置場所の形状に合わせた「フルオーダーシステム」
既存設置場所に合わせた最適設計にてご提供いたします。

◆ 用途に合わせた「各種オプション」も充実
水位差検出による運転・寒冷地向け仕様等、各種ご要望にお応えします。

その他、アーム式除塵機・ネットスクリーン式除塵機・無電力除塵機等、用途に合わせご提案致します。

株式会社ヤマウラ　エンジニアリング事業部

〒399-4106 長野県駒ヶ根市東町19-16
TEL.0265-83-8888　FAX.0265-82-2879
URL http://eng.yamaura.co.jp　E-mail info@eng.yamaura.co.jp

内圧用ダイプラハウエル管

JESC 水力発電設備の樹脂管（一般市販管）技術規程に記載

耐久性　内圧管　軽量性　耐摩耗性　経済性　水理特性

【水力設備の技術基準の解釈（経済産業省）】に、"リブ管" JESC H3004(2012) が掲載・施行されました。（2016年6月1日）

鳥取県智頭町の大村発電所で内圧用ダイプラハウエル管が採用されました。

施 主 名	大村電化農業協同組合 京葉プラントエンジニアリング株式会社
物 件 名	大村発電所
施工場所	鳥取県鳥取市
使用管種	内圧用ダイプラハウエル管　φ350
延 長	L=230m　設計水圧 1.50MPa

◆ 採用理由

施工性 他管材と比べ軽量性に優れ、大型重機を必要とせず急傾斜地でも施工が容易です。また継手部のEF融着（電気融着）により、一体化管路が容易に構築できます。既設管とはフランジ接続が可能な為、部分的な改修工事にも適しております。

耐久性 樹脂製管のため、錆・腐蝕の心配がなく、劣化が少ない事から塗装の必要がないため、メンテナンス費用の削減ができます。

耐候性 紫外線が懸念される露出配管においても、使用原料にカーボンブラックが添加されているため、耐候性にも優れています。

水理特性 管内面の粗度係数がn=0.010のため、流水量を最大限に利用する事ができます。

dp ダイプラ株式会社　jp タキロンシーアイ グループ

大阪本社：〒530-0001 大阪市北区梅田3丁目1-3（ノースゲートビルディング16F）TEL.06-6453-9285
東京支社：〒108-6030 東京都港区港南2丁目15-1（品川インターシティA棟30F）TEL.03-5463-8501

https://www.daipla.co.jp

若築建設株式会社の 小水力発電所施工実績

【重久発電所】
(しげひさ)

　重久発電所（事業主：九州発電株式会社様）は鹿児島県霧島市国分重久を流れる手籠川を利用して発電する「小水力発電所」です。

　重久地区を通る県道2号線の下に上流の取水堰から水圧管（総延長1km）に取水し、110mの落差を利用して、下流に設置する発電機のタービンを回して発電します。

　最大出力は980kwで、年間約520万kwh（一般家庭約1500世帯分）を発電します。
【工期：平成25年7月1日～平成27年1月31日】

取水堰

取水口～沈砂池～ヘッドタンク

【内之浦辺塚発電所】
(うちのうらへつか)

　内之浦辺塚発電所（事業主：九州発電株式会社様）は、鹿児島県肝属郡肝付町岸良（内之浦辺塚）を流れる一ノ谷川を利用して発電する「小水力発電所」です。

　一ノ谷川の固定堰よりの取水と、隣接する一ノ谷発電所の放流水を併せ、県道74号線下に配管した水圧管路（ダクタイル鋳鉄管φ700mm、総延長1264m）を通し、98mの落差を利用して一ノ谷川下流に設置する水車・発電機を回して発電します。

　最大出力は800kwで、年間400万kwh（一般家庭約1100世帯分）を発電します。
【工期：平成27年5月25日～平成29年6月6日】

発電所

取水堰全景

豊かな未来へ 技術のメッセージ
若築建設

ホームページ http://www.wakachiku.co.jp/

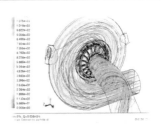
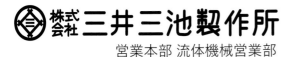

アンドリッツ 水力発電ソリューション

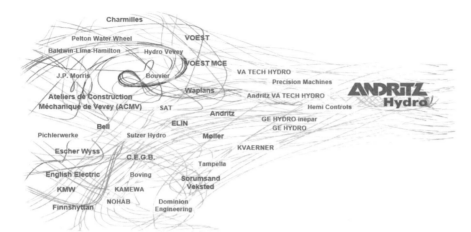

問い合わせ先
アンドリッツ株式会社
技術営業本部　技術営業第1部
〒104-6129
東京都中央区晴海1丁目8番11号
晴海アイランドトリトンスクエア
オフィスタワーY棟29階
Tel: 03-6635-3347
URL: www.andritz.com/hydro-en
E-mail: pulpandpaper@andritz.com

ANDRITZグループは、欧州、北米、南米、南アフリカ、ロシア、東南アジア、オセアニア、中国、および日本など、250を超える事業所及び製造拠点において、産業機器の製造販売を展開するグローバル企業である。ANDRITZグループの主な事業は、主にHYDRO（水力発電向け機器製造）、Pulp & Paper（紙パルプ工場向け機器製造）、METAL（鉄鋼所向け機器製造）及びSEPARATION（固液分離機器製造）である。

ANDRITZ HYDROは、水力発電所向けの製品とサービスの世界的リーダであり、競争力のあるソリューションを提供している。水車製造では175年以上の経験、31,600台以上の水車納入実績（累計434,600MW以上）、電気設備の製造で120年以上の経験がある。

国内では、1900年代に旧Escher Wyss社（現在のANDRITZ HYDRO GmbH）が水車を400台以上納入した実績がある。ANDRITZグループの日本法人であるアンドリッツ株式会社は、2019年より国内向けにANDRITZ HYDROの大／中規模、小水力発電向け製品及びリハビリテーションの提案を開始した。今後、アンドリッツ株式会社として、海外での数多くの納入実績に基づく効率の高い水車を提案することで、国内の水力発電設備の更なる向上に寄与していきたいと考える。

主な製品ラインアップ：
・縦軸／横軸ペルトン水車
・縦軸／横軸フランシス水車
・縦軸／横軸カプラン水車
・ポンプ逆転型水車
・その他、EcoBulb™、HYDROMATRIX®、潮流発電用タービンなど

ANDRITZ HYDROワークショップ風景

海外のペルトン水車納入事例

王子マテリア株式会社富士工場殿
富士宮マイクロ水力発電設備

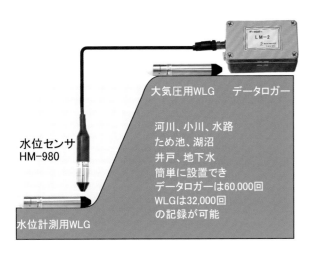
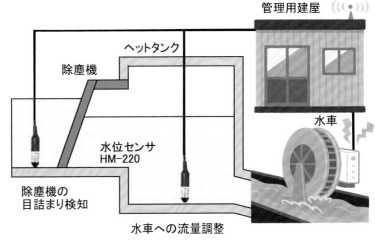

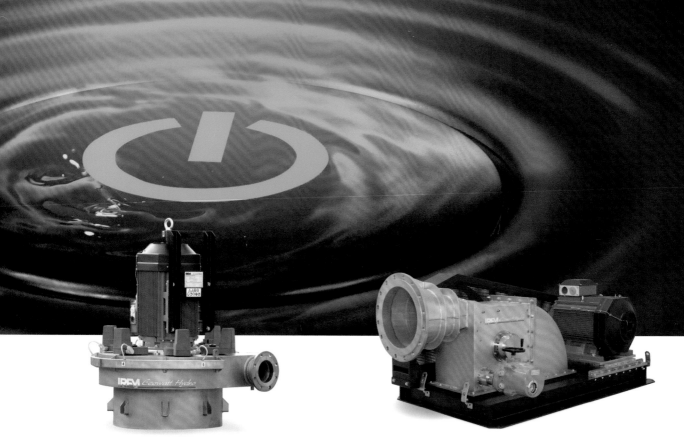